中国海水多营养层次综合养殖的
理论与实践

方建光　蒋增杰　房景辉　主编

中国海洋大学出版社
·青岛·

图书在版编目（CIP）数据

中国海水多营养层次综合养殖的理论与实践 / 方
建光，蒋增杰，房景辉主编. —青岛：中国海洋大学
出版社，2020.1

ISBN 978-7-5670-2459-5

Ⅰ.①中… Ⅱ.①方… ②蒋… ③房… Ⅲ.①海水养
殖—研究—中国 Ⅳ.①S967

中国版本图书馆CIP数据核字（2020）第022503号

出版发行	中国海洋大学出版社			
社　　址	青岛市香港东路23号		**邮政编码**	266071
网　　址	http://pub.ouc.edu.cn			
出 版 人	杨立敏			
责任编辑	孙玉苗		**电　　话**	0532-85901040
电子信箱	94260876@qq.com			
印　　制	青岛海蓝印刷有限责任公司			
版　　次	2020年5月第1版			
印　　次	2020年5月第1次印刷			
成品尺寸	170 mm × 240 mm			
印　　张	13.5			
字　　数	200千			
印　　数	1～1600			
定　　价	58.00元			
订购电话	0532-82032573（传真）			

发现印装质量问题，请致电0532-88786655，由印刷厂负责调换。

编　委　会

Editors

FANG Jianguang   JIANG Zengjie   FANG Jinghui

Contributors （Surname Sequence）

CHAI Xueliang, Zhejiang Mariculture Research Institute, Professor

FANG Jianguang, Yellow Sea Fisheries Research Institute, CAFS, Professor

FANG Jinghui, Yellow Sea Fisheries Research Institute, CAFS, Associate Professor

GE Changzi, Shandong University, Weihai, Professor

HANSEN Pia Marianne Kupka, Institute of Marine Research, Professor

He Lin, Zhejiang Wanli University, Associate Professor

JIANG Zengjie, Yellow Sea Fisheries Research Institute, CAFS, Professor

LIANG Jun, Zhangzidao Group Co. Ltd, Senior Engineer

LIN Fan, Yellow Sea Fisheries Research Institute, CAFS, Assistant Professor

LIN Zhihua, Zhejiang Wanli Universtiy, Professor

LIU Hongmei, Yantai Institute of Coastal Zone Research, CAS, Associate Professor

MAO Yuze, Yellow Sea Fisheries Research Institute, CAFS, Professor

XIE Qilang, Zhejiang Mariculture Research Institute, Professor

YU Junqi, Zhejiang Mariculture Research Institute, Engineer

ZHANG Yuan, Zhangzidao Group Co. Ltd, Senior Engineer

序

　　中国是世界海水养殖第一大国。改革开放以来，中国的海水养殖业发展迅速，已经成为海洋渔业的支柱产业和沿海农村经济的重要组成部分。它不仅在有效增加农民收入、提高农产品出口竞争力、生产更多优质蛋白、优化国民膳食结构、确保食物营养安全等方面做出了重大贡献，也为全球水产品总产量的持续增长提供了重要保证，在促进中国和世界渔业生产方式和结构的改变方面发挥了重大作用；同时，还在减排二氧化碳、缓解水域富营养化、进一步彰显水产养殖的食物供给和生态服务两大功能、促进生态文明建设、应对全球气候变化方面发挥积极作用。积极探索、实践"高效、优质、生态、健康、安全"的现代海水养殖模式，对促进新时代渔业绿色、高质量发展意义重大。

　　综合水产养殖理念起源于中国。明末清初兴起的"桑基鱼塘"是一种典型的综合养殖方式，而海水多营养层次综合养殖是"桑基鱼塘"在现代的发展，得到了国内外专家的认可。中国海水养殖规模庞大、养殖种类繁多、类型丰富、营养层次多。科研人员经过20多年不懈的探索和实践，特别是"九五"养殖容量攻关课题和之后"973 计划"的实施，使综合养殖有了坚实的理论基础和技术支撑。中国成为世界上该养殖方式和技术应用最为广泛、类型最为多样和生产规模最大的国家。

　　《中国海水多营养层次综合养殖的理论与实践》一书包括养殖容量的评估方法及应用，多营养层次综合养殖的发展历程，浅海筏式/底播、池塘、陆基等多种类型多营养层次综合养殖模式的构建与产业化应用，养殖生态系统服务功能和价值评价，养殖水域环境质量评价等内容。该书结构合理，实例丰富，文笔流畅，图文并茂，是一部系统介绍中国海水多营养层次综合养殖理论与技术的专著。期望它对中国乃至世界海水养殖业的绿色、高质量发展起到积极的推动作用。

　　在该书即将出版之际，谨此表示热烈祝贺！

中国工程院院士　唐启升

2020年2月于青岛

目 录

第一章
多营养层次综合养殖水域养殖容量评估

第一节　容纳量定义

　　水产品质优量大是渔业（捕捞业和养殖业）从业者、消费者追求的目标。为获取大量水产品，养殖者一般提高养殖生物的放养（种植）密度或扩大养殖规模。随着养殖密度或规模的增加、养殖水域使用时间的延长，水域环境恶化明显，溶解氧（Dissolved Oxygen，DO）浓度降低，营养盐等浓度变动剧烈（动物养殖中营养盐浓度易升高，植物种植中营养盐浓度会降低），沉积物中有机物等的含量升高，水域生物多样性降低，酸碱环境及氧化还原环境等显著变化，即养殖环境负效应凸显。随环境负效应的加剧，养殖生物的生长速度、品质下降，病害发生频繁，养殖生物甚至大规模死亡。养殖水域的物质循环、能量输送等维系生态系统正常功能的关键生态过程也因自身环境负效应而遇到障碍，进而影响系统的生态安全。这种环境负效应的主要诱因是水域的环境自净能力或物质供应能力与养殖密度等不匹配，即养殖密度或规模超过了水域的容纳量。

　　容纳量（Carrying Capacity），也称为容量、负荷量、负荷力等，源于种群密度对种群增长的制约。根据研究领域或所关注问题的出发点不同，容纳量有环境容量、生态容量和养殖容量等的区分。

环境工作者一般将容纳量理解为环境容量，即水、空气、土壤和生物等对污染物的承受量。污染物浓度低于这一阈值，生物能耐受适应，不至于发生病害；污染物浓度高于这一阈值，生物不能适应，发生病害。

生态学者将容纳量理解为生态容量，即在特定的环境条件下，生态系统在一定时间内所能支持的特定种群的大小。

水产养殖业内，容纳量则被冠以养殖容量的称谓。养殖容量的概念大致可分为5类：根据水域为养殖生物提供的合适空间而确定的物理养殖容量（Physical Carrying Capacity）；养殖生物产量达到最大时所对应的最大养殖密度，即产量养殖容量（Production Carrying Capacity）；对养殖水域生态系统产生不良生态影响的最小养殖密度，即生态养殖容量（Ecological Carrying Capacity）；不引起负面社会影响的最大养殖密度或规模，即社会养殖容量（Social Carrying Capacity；McKindsey等，2006）；养殖所造成的环境要素不超过所在国家或地区环境标准阈值的最大养殖密度，即环境养殖容量（Environmental Carrying Capacity；阿保勝之和横山壽，2003）。

物理养殖容量取决于水域底质、水文条件等对养殖生物的空间制约。社会养殖容量则考虑养殖对传统渔业（主要是捕捞业）从业人员及其家庭等的影响。如以养殖生物的成功养成为标准，决定养殖成败的是养殖密度和产量养殖容量、生态养殖容量、环境养殖容量的关系。因此，本书关注的是产量养殖容量、生态养殖容量、环境养殖容量。其中，环境养殖容量因其判别依据是环境标准而取决于养殖水域所属国家或地区的政治、经济和技术水平，生态养殖容量则关注养殖活动是否对生态安全造成影响。对于特定水域的特定养殖生物而言，生态养殖容量和环境养殖容量均小于产量养殖容量。

养殖容量往往冠以养殖生物的类别，称鱼类养殖容量、虾蟹类养殖容量、贝类养殖容量、藻类养殖容量等。从这些称谓可看出养殖容量评价主要针对鱼、虾和蟹、贝、藻类的单一养殖进行。随着养殖密度或规模扩大，单一养殖的环境负效应增强，多营养层次综合养殖（Integrated Multi-

Trophic Aquaculture，IMTA）成为养殖业可持续发展的必然。虽然IMTA能充分利用养殖水域的物质和能量实现水产品的可持续产出，但是它仍然是人类活动对自然生态系统的一种干扰。因此，需要评估IMTA模式下的养殖容量。

养殖容量是养殖生物与水域环境自净能力或饵料、营养盐供给能力相互作用的结果。环境自净主要由物理、化学、生物和生物化学作用等驱动，而物理和生物化学作用在水环境自净中占主导地位。物理净化直接受流速、水交换周期等水动力学特性的影响。生物化学作用受DO等显著影响，复氧是影响DO的重要过程而复氧能力又与水动力学特性有关。此外，水动力学特性影响水域物质的空间分布而影响饵料、营养盐供给能力。再者，养殖系统物质循环、能量流动通过食物链（网）进行，而这与生源要素（氮、磷等）的生物地球化学过程密切相关。因此，方法成熟的养殖容量评价模型包含水域水动力特征、生源要素的生物地球化学过程。随着对生态安全的深入认识，养殖业主、行业管理者、普通民众等越来越关心生态系统的稳定性、安全性，生态养殖容量逐步得到重视。

参考文献

方建光，孙慧玲，匡世焕，等.桑沟湾海带养殖容量的研究［J］.海洋水产研究，1996a，17（2）：7–17.

方建光，匡世焕，孙慧玲，等.桑沟湾栉孔扇贝养殖容量的研究［J］.海洋水产研究，1996b，17（2）：19–32.

葛长字，方建光.夏季海水养殖区大型网箱内外沉降颗粒物通量［J］.中国环境科学，2006，26（Suppl.）：106–109.

葛长字.浅海网箱养殖自身污染营养盐主要来源［J］.吉首大学学报，2009，30（5）：82–86.

金刚，李钟杰，谢平.草型湖泊河蟹养殖容量初探［J］.水生生物学报，2003，27（4）：345–351.

唐启升. 关于容纳量的研究［J］. 海洋水产研究，1996，17（2）：1-5.

张继红，方建光，王诗欢. 大连獐子岛海域虾夷扇贝养殖容量［J］. 水产学报，2008，32（2）：236-241.

阿保勝之，横山壽. 三次モデル堆积物酸素消費速度基養殖環境基準検証養殖許容量推定試み［J］. 水産海洋研究，2003，67（2）：99-110.

Degefu F, Mengistu S, Schagerl M. Influence of fish cage farming on water quality and plankton in fish ponds: A case study in the Rift Valley and North Shoa reservoirs, Ethiopia［J］. Aquaculture, 2011, 316: 129-135.

Ferreira J G, Saurel C, Ferreira J M. Cultivation of gilthead bream in monoculture and integrated multi-trophic aquaculture. Analysis of production and environmental effects by means of the FARM model［J］. Aquaculture, 2012, 358-359: 23-24.

Filgueira R, Guyondet T, Bacher C, et al. Informing Marine Spatial Planning（MSP）with numerical modelling: A case-study on shellfish aquaculture in Malpeque Bay（Eastern Canada）［J］. Marine Pollution Bulletin, 2015, 100: 200-216.

Franks P J S, Chen C. Plankton production in tidal fronts: A model of Georges Bank in summer［J］. Journal of Marine Research, 1996, 54: 631-651.

Ge C, Fang J, Guan C, et al. Metabolism of marine net pen fouling organism community in summer［J］. Aquaculture Research, 2007, 38（10）: 1 106-1 109.

Ge C, Fang J, Song X, et al. Responses of phytoplankton to multispecies mariculture: a case study on the carrying capacity of shellfish in the Sanggou Bay in China［J］. Acta Oceanologica Sinica, 2008, 27（1）: 102-112.

Han D, Chen Y, Zhang C, et al. Evaluating impacts of intensive shellfish aquaculture on a semi-closed marine ecosystem［J］. Ecological Modelling, 2017, 359: 193-200.

McKindsey C W, Thetmeyer H, Landry T, et al. Review of recent carrying capacity models for bivalve culture and recommendations for research and management［J］. Aquaculture, 2006, 261: 451–462.

Middleton J F, Luick J, James C. Carrying capacity for finfish aquaculture, Part II–Rapid assessment using hydrodynamic and semi-analytic solutions［J］. Aquacultural Engineering, 2014, 62: 66–78.

Nunes J P, Ferreira J G, Gazeau F, et al. A model for sustainable management of shellfish polyculture in coastal bays［J］. Aquaculture, 2003, 219: 257–277.

Wood D, Capuzzo E, Kirby D, et al. UK macroalgae aquaculture: What are the key environmental and licensing considerations？［J］. Marine Policy, 2017, 83: 29–39.

Xu S, Chen Z, Li C, Huang X, et al. Assessing the carrying capacity of tilapia in an intertidal mangrove-based polyculture system of Pearl River Delta, China［J］. Ecological Modelling, 2011, 222: 846–856.

葛长字

第二节　藻类养殖容量评估

一、海藻养殖容量评估涉及的关键参数测定方法

1. 水化学分析

水化学分析根据《海洋调查规范》和《海洋监测规范》所规定的标准

进行。

2. 叶绿素测定

每个调查水层取500 mL水样进行叶绿素a测定。水样先用100目筛绢过滤，除掉浮游动物和大型藻类；之后用M-50过滤瓶和0.45 μm孔径的醋酸纤维微孔滤膜进行抽滤。叶绿素浓度用分光光度计测定。

3. 海水流速及交换周期的测定

分别于大潮和小潮期连续测定流速、流向25 h，计算大、小潮期的海水交换周期。大、小潮交换周期的平均值即为测定季节的海水交换周期。

4. 初级生产力的测定

测定方法为叶绿素a法，用^{14}C法测出同化系数后，根据叶绿素浓度计算出不同季节初级生产力和初级生产量。水域初级生产量计算根据Cadee和Hegeman提出的简化公式计算。

5. 养殖藻类与附着藻类含氮量测定

养殖期内，养殖藻类与附着藻类含氮量的测定每月进行一次，从湾内、外不同养殖水域采集海带（*Saccharina japonica*）及野生和附着藻类样品，晒干后放入烘箱，在60℃下连续烘干48 h，进行含氮量测定。

6. 陆地径流输送的营养盐总量的计算

根据当地相关部门提供的主要河流的季节径流量，以及不同季节陆地径流中氮、磷的浓度，计算不同季节陆地径流输送到容量评估海域的营养盐总量。

7. 养殖动物排泄的营养盐

根据不同养殖动物（鱼、虾、贝）个体在不同季节的生理代谢水平，以及不同养殖动物的生物量，计算养殖容量，评估海域不同季节养殖动物和野生动物的氨氮排泄总量。

8. 海底沉积物释放的营养盐

利用柱状取样器，在养殖容量评估海域不同区域获取沉积物样品在室内进行培养，然后计算海底沉积营养盐释放速率，计算海底沉积物释放的营养盐总量。

9. 容量评估海域的无机氮收支估算

容量评估海域的无机氮收支如图1-1所示，养殖活动中的主要氮的源积汇都需要纳入其中进行计算。

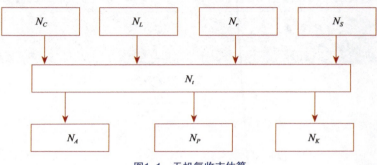

图1-1　无机氮收支估算

N_C为海藻养殖期间海水交换带入湾内的无机氮（t）；N_L为海藻养殖期间陆地径流带入的无机氮（t）；N_r为动物排泄补充的氮；N_S为海藻养殖期间海底沉积物中释放的无机氮（t）；N_t为海域氮总供给量；N_A为海藻养殖期间其他大型藻类生长所需无机氮（t）；N_P为海藻养殖期间湾内初级生产所需的无机氮（t）；N_K为既定海域中可供养殖和野生海藻生长的总无机氮（t）

二、大型养殖海藻养殖容量评估模型

（一）开放海域大型藻类养殖容量动态评估模型

近20年生态环境调查数据显示，在海藻养殖期间大部分海域无机氮为限制性营养盐。因此，在建立海藻养殖容量动态评估模型时，我们将无机氮作为大型藻类养殖容量评估的主要指标，同时根据海水流动带入、带出既定水域的无机氮总量、不同养殖阶段海带体内无机氮含量、浮游植物的浓度及其对无机氮的需求量，以及附着藻类的生物量及其对无机氮的需求量，建立浅海大型藻类养殖容量动态评估模型，用以估算开放水域的养殖容量（图1-2）。

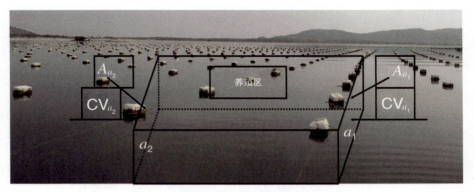

图1-2　开放水域大型海藻养殖容量评估示意图

开放海域大型海藻养殖容量评估模型：

$$CC \leqslant \frac{\overline{N_I} \times S \times D + [\overline{N_{a_1}} \times CV_{a_1} \times A_{a_1} - \overline{N_{a_2}} \times CV_{a_2} \times A_{a_2}] \times T_i - \sum_{j=1}^{m}(B_j \times \overline{AR_j}) \times S \times D}{T_i \times AR_{kelp}}$$

其中，CC为大型海藻养殖容量（g）；S为研究水域面积（m²）；D为研究水域水深（m）；T_i为涨潮（或退潮）至i时的时间（h）；$\overline{N_{a_1}}$为a_1点T时间内进入评估海域的水体中氮平均浓度（mg/m³）；$\overline{N_{a_2}}$为a_2点T时间内流出评估海域的水体中氮平均浓度（mg/m³）；CV_{a_1}为a_1点T时间内的海流平均流速（m/h）；CV_{a_2}为a_2点T时间内的海流平均流速（m/h）；A_{a_1}为a_1点所在面的截面积（m²）；A_{a_2}为a_2点所在面的截面积（m²）；$\overline{N_I}$为i时养殖水域平均无机氮浓度（mg/m³）；$\overline{AR_j}$为第j种藻类对无机氮的吸收率［mg/（h·g）］；B_j为第j种藻类（浮游植物或大型附着藻类）的生物量（g/m³）；m为浮游植物或大型附着藻类的种类数；AR_{kelp}为养殖藻类对无机氮的吸收率［mg/（h·g）］。

该模型可以根据监测的数据，对任何浅海养殖水域的大型藻类养殖容量进行估算。

（二）基于无机氮收支的海湾大型海藻养殖容量评估计算公式

$$N_C = \sum_{i=1}^{n} C_{Ni} \times S \times D \times \frac{T_i}{t} \times 10^9 \qquad (1-1)$$

$$N_S = \sum_{i=1}^{n} C_{Bi} \times T_i \times S \times 10^{-9} \tag{1-2}$$

$$N_L = \sum_{i=1}^{n} C_{Fi} \times Q_i \times T_i \times 10^{-9} \tag{1-3}$$

$$N_P = K_0 \sum_{i=1}^{n} P_i \times S \times T_i \times 10^{-9} \tag{1-4}$$

$$N_A = \sum_{i=1}^{n} \sum_{j=1}^{m} K_j (W_j - W_0) \times S \times 10^{-9} \tag{1-5}$$

$$N_K = N_C + N_S + N_L - N_P - N_A \tag{1-6}$$

$$P_T = \frac{N_K}{K_1} \tag{1-7}$$

式中：N_C 为海藻养殖期间海水交换带入湾内的无机氮（t）；N_S 为海藻养殖期间海底沉积物中释放的无机氮（t）；N_L 为海藻养殖期间陆地径流带入的无机氮（t）；N_P 为海藻养殖期间湾内初级生产所需的无机氮（t）；N_A 为海藻养殖期间其他大型藻类生长所需无机氮（t）；N_K 为既定海域中可供养殖和野生海藻生长的总无机氮（t）；P_T 为淡干海藻养殖容量（t）；C_{Ni} 为海藻生长期间 i 时湾口调查站位的平均无机氮浓度（mg/m³）；C_{Bi} 为海底沉积物中无机氮释放速率［mg/（m²·d）］；C_{Fi} 为陆地径流中无机氮浓度（mg/m³）；Q_i 为陆地径流量（m³/d）；S 为养殖面积（m²）；D 为平均水深（m）；T_i 为取样间隔（d）；t 为理论上湾内海藻养殖生长期间海水完全交换 1 次所需时间（d）；P_i 为不同时间湾内浮游植物初级生产量［mg（C）/（m²·d）］；W_0 为湾内养殖海藻开始生长时大型附着和野生藻类初始生物量（mg/m²）；W_j 为养殖藻类收获时不同大型附着和野生藻类的生物量（mg/m²）；K_0 为海水中浮游植物体内的氮碳比；K_j 为不同品种大型野生藻类含氮量（%）；K_1 为收获时淡干海藻中的氮含量（%）。m 为附着藻类种类；n 为取样观测次数。

三、案例分析：桑沟湾海带养殖容量评估

（一）调查站位设置

桑沟湾位于山东半岛的最东端，呈C形，东面为黄海，面积13 333 hm²，平均水深7.5 m。湾口最大水深14 m。主要养殖种类为海带、裙带菜、龙须菜、牡蛎、扇贝等。20世纪90年代的大型藻类养殖年产量约80 000 t（淡干干重），贝类养殖年产量约5 000 t。近岸浅水海区主要用于筏式养殖贝类，湾中间海区发展贝藻综合养殖，湾口及湾外深水海区则用于大型藻类养殖。

20世纪90年代中期进行大型藻类和滤食性贝类养殖容量评估时，共设置了19个站位，进行水文、化学、生物环境调查（图1-3）

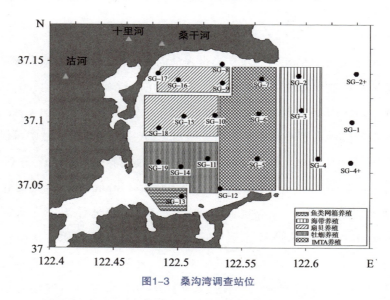

图1-3　桑沟湾调查站位

（二）桑沟湾海水交换所带入湾内总无机氮量

海水交换带入该湾总无机氮（N_C）概算：采用1、2、3、4号站位的硝酸盐氮、亚硝酸盐氮、氨氮3项无机氮总和的平均值作为每次大面调查期间由湾外进入该湾的无机氮平均浓度，根据每次测定的时间间隔和海水交换周期（表1-1），计算在海带生长期间由海水交换带入该湾的无机氮总量。

表1-1　不同季节桑沟湾海水交换周期的变化

日期	海水交换周期/d		
	大潮	小潮	平均
1994-03-27	24		
1994-04-03		54	39
1994-07-04	28		
1994-07-11		62	45
1994-10-16		43	
1994-10-27	23		33

由于海带的生长期为11月至翌年5月下旬，因此，在计算该湾海带养殖容量时采用了春季的平均值39 d作为海水交换周期。根据式（1-1），桑沟湾在海带生长期间由海水交换所带入的无机氮计算结果如表1-2所示。

表1-2　1993年11月至1994年5月不同试验期
桑沟湾海水交换所带入湾内总无机氮量

试验期	无机氮平均浓度/（μg/L）	面积/×10⁸m²	平均水深/m	取样间隔/d	海水交换周期/d	总无机氮量/t
1993-11-01—1993-12-18	148.31	1.33	8	49	39	198.76
1993-12-19—1994-02-22	36.19	1.33	8	66	39	65.32
1994-02-23—1994-04-10	40.29	1.33	8	48	39	52.90
1994-04-11—1994-05-09	37.49	1.33	8	31	39	31.79
1994-05-12—1994-05-31	27.90	1.33	8	37	39	28.23
合计			8	231	39	377

（三）海底沉积物中氮（N_S）释放量的计算

1994年5月，由潜水员在指定站位利用圆柱形有机玻璃管取海底10 cm
高的柱状海泥样品，然后在岸边实验室测定底泥中无机总氮、有机总氮、
总磷释放速率。测定方法同上。

根据湾内6个站位的测定数据和式（1–2），桑沟湾海底沉积物中无机
氮的总释放量如表1–3所示。

表1–3　海带生长期间桑沟湾海底沉积物中无机氮释放量

释放速率 / $[mg/(m^2 \cdot d)]$	面积 / m^2	取样间隔 / d	无机氮总量 / t
19.14	1.33×10^8	231	543.84

（四）陆地径流带入的无机氮（N_L）的测定

桑沟湾的主要污水来源为经沽河口流入的荣成市城市污水，其他城市
污水排放系统分别为小海水系和桑沟河水系。根据王丽霞等（1994）的调
查数据和式（1–3），污水排放带入桑沟湾的无机氮如表1–4所示。

表1–4　海带生长期间城市污水带入桑沟湾的无机氮

平均浓度 / $[mg/(m^2 \cdot d)]$	平均流量 / (m^3/d)	取样间隔 / d	无机氮总量 / t
1.7	20 000	231	7.24

（五）动物排泄无机氮（N_T）的概算

桑沟湾的主要养殖和附着动物为栉孔扇贝（*Chlamys farreri*）和贻贝
（*Mytilus edulis*）。栉孔扇贝的无机氮排泄量根据李顺志等（1983）的试
验数据估算，贻贝的无机氮排泄量则根据Widows（1978）给出的相应季节
的贻贝氨氮排泄量回归曲线查出。

根据李顺志等（1983）的试验结果，1个5.5 cm的栉孔扇贝在海带养殖
期内的无机氮排泄量为142 mg。桑沟湾的栉孔扇贝养殖量为20亿粒，因此，
在海带生长期间养殖扇贝的无机氮排泄量为284 t。Widdows（1978）对贻贝
的研究结果显示，在春季，每个贻贝每24 h氨氮平均排泄量约为200 µg。桑

沟湾贻贝的资源量约为2.7亿个，因此，桑沟湾贻贝在海带生产期间的无机氮排泄量约为11 t。加上其他动物如海鞘、牡蛎动物的无机氮排泄量，整个桑沟湾养殖和附着动物在海带生长期间的无机氮排泄量约为300 t。

（六）浮游植物繁殖生长所需无机氮（N_p）的计算

根据初级生产力和叶绿素a浓度的季节变化，以及该湾浮游植物体内总氮与有机碳含量之比，计算出海带生长期间浮游植物生长繁殖所需的无机氮总量。根据自然资源部第一海洋研究所研究结果，该湾浮游植物体内总氮与有机碳含量之比为9.26∶1。

根据式（1-4），海带生长期间不同阶段桑沟湾内浮游植物繁殖生长所需无机氮计算结果如表1-5所示。

表1-5　海带生长期间桑沟湾内浮游植物繁殖生长所需总无机氮

试验期	叶绿素a /（μg/L）	同化率 /｛mg（C）/ ［mg（Chl a） ·d］｝	面积 /×10⁵m²	时间 /d	阶段有机 碳生产量/t	转换系 数	氮需求 量/t
1993-11-01— 1993-12-18	0.95	4.40	1.33	48	1 364.90	9.25	147.56
1993-12-19— 1994-02-22	4.13	1.10	1.33	66	1 575.30	9.25	170.80
1994-02-23— 1994-04-10	5.24	1.19	1.33	48	859.86	9.25	92.96
1994-04-11— 1994-05-09	2.14	1.36	1.33	30	250.81	9.25	27.11
1994-05-12— 1994-05-31	2.26	2.19	1.33	21	895.77	9.25	96.84
合计					4 946.64		534.77

（七）海带生长期间桑沟湾其他生物对无机氮的需求量

桑沟湾内海带生长期间的附着藻类主要有石莼（*Ulva lactuca*）、萱藻、裙带菜、浒苔、水云、大叶藻等。根据式（1-5）和含氮量分析测定结果，桑沟湾海带生长期间附着藻类总无机氮需求量如表1-6所示。

表1-6　海带生长期间附着藻类总无机氮需求量

平均生物量 /（g/m²）	平均含氮量 /%	面积 /×10⁸m²	总需氮量 /t
12	3	1.33	47.88

（八）桑沟湾海带生长期间总无机氮收支

综上所述，桑沟湾海带生长期间的无机氮总供应量大约为 $N_t=N_C+N_L+N_P+N_S=1\ 228$ t。其中，海水交换提供30.7%，沉积物释放提供44.3%，陆地径流提供0.6%，动物排泄提供24.4%。海带生长期间桑沟湾浮游植物和附着藻类所需无机氮总量约为583 t。

根据式（1-6），桑沟湾可供海带生长的总无机氮为645 t。

（九）桑沟湾海带养殖容量

根据式（1-7），桑沟湾海带淡干总养殖容量估算值约为54 000 t（表1-7），单位面积养殖容量0.4 kg/m²。

表1-7　桑沟湾海带养殖容量

可利用无机氮/t	收获海带中无机氮含量/%	海带养殖容量
645	1.2	53 750

四、理论养殖容量与养殖现状评价

合理养殖容量是指诸多生态环境因子与养殖生物相互作用后达到动态平衡的养殖生物总量。影响养殖容量的因素有营养水平、气候、水化学、水文、物理和生物等。如何确定估算养殖容量的关键因子，是关系估算出的养殖容量模式能否正确反映客观现实的关键。大量研究已证明，海洋环境中氮比其他营养元素更可能成为初级生产的限制因子。在本研究中，根据桑沟湾无机氮缺乏、氮磷比例严重失调的现状，选择了无机氮作为对该湾养殖容量进行估算的关键因子。同时，该研究是在假设经过海水交换、海底沉积物释放和陆地径流所带入桑沟湾的总无机氮能够全部被海带和其他藻类吸收的前提下进行的。

计算结果显示，桑沟湾海带淡干养殖总容量约为54 000 t，单位面积养殖容量为0.4 kg/m²。1994年该湾湾内海带养殖面积约为3 200 hm²，养殖产量为2万吨左右。与养殖容量相比，湾内实际养殖量低于养殖容量约3万吨，而单位面积实际养殖量则比理论估算值每平方米高0.2 kg左右。

理论养殖容量与实际养殖量产生较大差异的主要原因如下：① 目前该湾湾内的海带养殖面积约为3 200 hm²，仅占桑沟湾总面积的25%左右，因此理论养殖容量大于实际养殖量。② 本研究计算的单位面积容量是基于整个桑沟湾而言的。由于海流的作用，养殖海带可以利用一部分非海带养殖水域的无机氮，因此，实际单位面积产量比估算值略为偏高。③ 分析本研究所采用的计算公式便可以看出，海带养殖容量估算模式基于无机氮供需平衡理论，并且是在假设海带能将所有无机氮全部吸收利用的前提下建立的。湾内无机氮的供应量主要受海水交换周期、海流、水深等环境因子的限制。对整个桑沟湾而言，其海带养殖容量可达到5万吨左右。不过，由于养殖区域不同，单位面积养殖容量亦有较大的变化。湾口处和湾口外流速大于湾内，养殖区海流畅通，海水交换周期缩短，能够满足海带生长对无机氮和其他营养盐的需求，产量明显高于湾内。根据海流测量结果，从湾口到湾内流速逐渐减小，因而海带产量则从湾外到湾内呈逐步递减趋势。

由流速不同而引起的养殖容量变化可用以下公式进行估算：

$$IP = \frac{N_C}{k_2 \times S} \times \frac{(v - \bar{v})}{\bar{v}}$$

式中：IP为在平均单位面积养殖容量基础上增减的淡干海带产量（kg/m²）；N_C为海带生长期间由海水交换带入该湾的总无机氮（t）；k_2为海带收获时无机氮含量（%）；S为桑沟湾总面积（m²）；v为海带养殖水域海流流速（m/s）；$\bar{v}$为湾内海流平均流速（m/s）。

1994年该湾湾口处的平均流速为24 cm/s，湾内平均流速为10 cm/s。根据此公式，湾口处的海带养殖容量与平均养殖容量相比每平方米可增加

0.33 kg左右，单位面积养殖容量为每平方米0.73 kg左右，与实际养殖量较为接近。湾中部养殖容量为每平方米0.4 kg，湾底部养殖容量为每平方米0.27 ~ 0.33 kg。

五、养殖容量估算误差

通过分析本研究中所采用的调查方法和计算公式，主要误差来源如下：① 浮游植物中碳氮比的测定方法。本研究采用碳氢分析仪测定浮游植物体内碳氮比为9.25∶1。由于测定受季节、浮游植物生长状况、海水混浊度的影响，测定数据容易产生较大误差。而浮游植物吸收无机氮的数量比较大，因此，碳氮比测定中细微误差的产生，都将对无机氮收支平衡估算产生较大的误差。② 养殖区域天气和水文因素的变化。表1-3中数据显示，该湾海底沉积物中释放出的无机氮为540 t左右，约占总无机氮供应量的45%，是桑沟湾无机氮主要来源之一。因此，容量估算模式中的估算误差主要来源于海带生长期间大风和海浪等天气和水文因素。在海带生长季节，如果有较多的大风和海浪天气，海水中的无机氮将会大量增加，海带养殖容量也将会大大提高。实践经验也证实了这一观点，在海带主要生长季节（11月至翌年3月）发生大风，特别是东北风的频数越多，海带产量和质量越高。相反，如果在这一季节没有较大的风浪，这一年的海带肯定要减产。这是由于桑沟湾较浅，大风推动海浪可以搅动海底沉积物，将沉积物中的无机氮释放到海水中，以满足海带生长需要。若没有较多的大风和海浪天气，海底沉积物中的无机氮释放到海水中的量就会大幅度减少，因而难以满足海带生长对无机氮的需求。在本研究中，仅根据正常天气情况下海底沉积物中无机氮的释放速率计算海底沉积物中无机氮的释放量，未能将风浪等因子考虑在内。如何正确估算风浪因子对海带养殖容量的影响将是今后该领域研究的重点研究方向之一。

参考文献

方建光，孙慧玲，匡世焕，等.桑沟湾海带养殖容量的研究［J］.海洋水产研究，1996a，17（2）：7–17.

焦念志，王荣.胶州湾浮游生物群落NH_4^+–N的吸收与再生通量［J］.海洋与湖沼，1993，24（3）：217–225.

匡世焕，方建光，孙慧玲，李锋.桑沟湾栉孔扇贝不同季节滤水率和同化率的比较［J］.海洋与湖沼，1996，27（2）：194–199.

李顺志，张言怡，王宝捷，丛沂之，王利超，杨清明.扇贝海带间养试验研究［J］.海洋湖沼通报，1983（4）：69–75.

毛兴华，等.桑沟湾增养殖环境综合调查研究［M］.青岛：青岛出版社，1988.

孙慧玲，方建光，匡世焕，等.栉孔扇贝（*Chlamys farreri*）在模拟自然水环境中滤水率的测定［J］.中国水产科学，1995（4）：16–21.

王丽霞，赵可胜，孙长青.桑沟湾海域物理自净能力分析［J］.青岛海洋大学学报（自然科学版）.1994（S1）：84–91.

王如才，王昭萍，张建中.海水贝类养殖学［M］.青岛：青岛海洋大学出版社，1993.

中华人民共和国国家质量监督检验检疫总局，中国国家标准化管理委员会.海洋调查规范［S］.北京：中国标准出版社，1975.

Cadée G C, Hegeman J. Primary production of phytoplankton in the Dutch Wadden Sea［J］. Netherlands Journal of Sea Research, 1974, 8（2–3）：240–259.

Carver C E A, Mallet A L. Estimating the carrying capacity of a coastal inlet for mussel culture［J］. Aquaculture, 1990, 88（1）：39–53.

FAO. Culture of kelp in China. RAS/86/024. Training manual, 1989, 1: 140

Parsons T R, Maita Y, Lalli C M. A manual of chemical and biological methods for seawater analysis［M］. Pergamon Press, 1984: 104–107.

Strandø. Enhancement of bivalve production capacity in a landlocked heliothermic marine basin［J］. Aquaculture Research, 1996, 27（5）: 355–373.

Widdows J. Combined Effects of Body Size, Food concentration and season on the physiology of *mytilus edulis*［J］. Journal of the Marine Biological Association of the United Kingdom, 1978, 58（1）: 109–124.

方建光

第三节　滤食性贝类养殖容量评估

一、滤食性贝类摄食生理生态研究

（一）影响滤食性贝类摄食生理生态的主要因素

滤食性贝类摄食生理生态即为滤食性贝类的摄食生理过程及其与环境间的相互作用。滤食性贝类摄食生理生态的内容主要包括滤食性贝类滤水率、摄食率、摄食策略（对食物颗粒的选择性等）的生态效应及环境因子对滤食性贝类摄食生理的影响。国内外大量研究表明，在健康的海岸带生态系统中，牡蛎、贻贝和蛤等滤食性双壳贝类是很重要的组成成分，其经济和生态效益极其显著。滤食性双壳贝类通过滤水摄食等生理生态过程显著增强水层–底栖耦合作用，在沿岸生态系统的物质循环及能量流动中扮演着重要的角色。滤食性双壳贝类具有很强的滤水能力，如牡蛎、贻贝和蛤的滤水率都可达到 5 L/（g·h），常被称作"生物滤器"，它们能够过滤大量细小的颗粒物质，包括浮游植物、悬浮颗粒物、微生物、小型原生动物、桡足类、甲壳类的无节幼虫、贝类的担轮幼虫和面盘幼虫以及其他动物的浮游幼虫等，粒径从几微米到1 000 μm。滤食性贝类摄食生理的主要影响因素包括温度、盐度、饵料浓度和质量、贝类个体大小和年龄、水流等。下面着重描述体重、温度和饵料浓度对滤食性贝类摄食生理的影响。

体重：体重是影响滤食性贝类摄食的重要因子之一。研究表明滤水率、摄食率和体重为幂函数关系：$Y=aW^b$，其中 b 为质量指数，其值一般不超过1。b 值的大小和滤食饵料种类及温度有关，滤食性双壳贝类的 b 值在0.62左右。

温度：温度的变化对滤食性贝类的摄食有显著的影响。在适宜的温度范围内，摄食率、滤水率随着温度的升高以幂函数的形式增加，并在最适宜温度下达到最大值。温度超出适宜范围后，摄食率和滤水率会急速下降。

饵料浓度：在适宜的饵料浓度范围内，滤食性贝类的摄食率和滤水率随浓度的增加而增加，呈幂函数关系。超过一定的饵料浓度时，随饵料浓度的增加其摄食率稍微降低，但变化比较平缓，而滤水率却急剧下降。

滤食性贝类本身可以根据环境的变化而做出相应的摄食生理反应以适应环境的变化。

（二）双壳贝类生理生态学参数

软体动物门双壳贝类绝大多数种，如贻贝、扇贝、牡蛎等，属于滤食性动物。这些动物通过纤毛摆动、鳃和唇瓣过滤水体中的悬浮颗粒物（包括浮游藻类、浮游细菌、微型浮游动物和有机碎屑等）。双壳贝类在自然水域的栖息范围比较广泛，包括河流、淡水湖、咸水湖、河口湾以及各种浅海和深海环境，但以近岸海水环境为最重要的栖息地。双壳贝类普遍具有很强的滤水能力，它们通过大量的滤水、摄食、吸收、排泄和生长等生理活动，在近岸自然海域和养殖海域的能量生态学和营养动力学中可能起着重要的作用。

评价双壳贝类的生态作用，需要研究它们的滤水率、摄食率、吸收效率、生长余力等生理生态学特征。目前，国内普遍采用传统方法测定双壳贝类的生理生态学参数。

1. 滤水率和滤食率/摄食率

静水系统法亦称为Coughlan方法，其计算公式为

$$CR=\frac{(\ln C_t-\ln C_0)}{t}\times\frac{V}{N}$$

式中：C_0、C_t分别为实验起始时刻和t时刻的食物浓度，V为实验水体积，N为实验贝的数目。

流水系统法计算公式为

$$CR=\frac{C_1-C_2}{C_1}\times\frac{F}{N}$$

式中：C_1和C_2分别为流入和流出实验箱的水体中的食物浓度，F为流速，N为实验贝的数目。

以上2种方法均涉及贝类对水中悬浮颗粒物去除效果的测量。滤水率与总悬浮颗粒物浓度（TPM）的乘积即为贝类的滤食率（Filtration Rate，FR）。在不产生假粪（Rejection Rate，RR）时，通常将滤食率视为摄食率（Ingestion Rate，IR）；在有假粪产生时，IR=FR-RR。另外，在实验室条件下，其他测定双壳贝类滤水率的方法还有吸水法（Suction Method）、叶轮法（Impeller Method）、电热调节器法（Thermistor Method）、录像观察法（Video Observation Method）等，这些方法由于难以操作而应用不多。

在实验室条件下，简单的静水和流水系统法排除了自然条件下海水流速的可变性。实验结果已经证明流速能影响双壳贝类的摄食和生长。在近岸海域，潮流和风的变化能引起悬浮物数量和质量短期内的变化，因而也影响贝类的摄食活动。

2. 吸收率

贝类吸收率（Absorption Efficiency，AE）是贝类能量学研究中重要的基本参数之一。在贝类数量很大的自然海区和贝类养殖海区，贝类吸收率也是海区生态动力学的一个重要参数，其数值高低直接影响到海区的能量流动和物质循环。双壳贝类吸收率受多种因素影响，包括饵料质量、饵料浓度和贝类摄食率、温度、盐度、个体大小。贝类吸收率的传统测定方

法，即由Conover于1966年提出的比率法，基于食物和粪便中的有机质含量（灰化法测定），由如下公式计算而得：

$$AE=(f-e)/[(1-e)×f]×100=(1-e/f)/(1-e)×100$$

式中：f和e分别为饵料和粪便中有机物百分含量。此法应用前提是贝类只对有机物有同化作用，对无机物无明显的同化作用。在实际操作中，该方法无须收集全部粪便，而只收集代表性的粪便即可。

3. 能量学参数

能量流动是生态系统的基本功能之一。滤食性双壳贝类的生理能量学在过去几十年内已被广泛研究。双壳贝类能量的获得经常通过测定贝类的摄食速率和贝类对摄入食物的吸收率来估计。

根据生物能量学原理：

$$C=F+U+R+P$$

式中：C为摄食能，F为粪便能，U为排泄能，R为代谢能，P为生长能。设A为吸收能，代表被生物体吸收的那部分摄食能，那么，$A=C-F$。

生长余力（Scope for Growth，SFG）这一概念和参数，用来预测供生长和再生产的剩余能量，已经被广泛地应用于无脊椎动物，尤其是海洋双壳贝类的生理生态学研究中。SFG被定义为动物摄取的食物能量与其消耗及损失的能量之差，即SFG=A–（$R+U$）。

SFG被证明是一个有用的概念，可用于评价环境压力的效应、生长效率以及不同种群生理响应的差异。SFG的主要优点在于双壳贝类的生长表现可通过计算在短期实验中估计。

另外2个能量预算参数为K_1（总生长效率）、K_2（净生长效率），被分别定义为

$$K_1=P/C=SFG/C$$

$$K_2=P/A=SFG/A$$

在实验室条件下，即在摄食条件标准化并保持严格的控制的状况下，贝类的滤水率、吸收率等被广泛研究。

（三）双壳贝类摄食生理生态生物沉积测定方法

近几年来，越来越多研究者开始应用生物沉积法（Biodeposition Method）进行贝类生理生态学参数的测定，这些参数包括滤水率、摄食率、吸收率和生长余力。

生物沉积法的原理如下：假定贝类不吸收无机物，即可以用粪粒中的灰分含量定量示踪贝类所过滤的物质。Cranford等指出在滤食性双壳贝类的摄食和消化研究中灰分是合适的惰性示踪物。Navarro等对养殖筏架上贻贝（*Mytilus galloprovincialis*）的生理、能量等进行了一系列的实验；在这些实验中摄食率是根据生物沉积速率进行间接估计所得的。Prins等用相似的方法在实验室条件下估计贻贝（*Mytilus edulis*）和食用鸟蛤（*Cerastoderma edule*）的滤水率。在以上2种情况下，所得到的滤水率结果与常规的方法是等同的。目前已有足够的理由说明生物沉积法是量化滤食性双壳贝类食物处理速率的一种有效工具。

1. 有关参数的计算方法

根据生物沉积法测定滤食性动物滤水率的原理：

$$IFR=IBD$$

$$CR=IFR/PIM=IBD/PIM$$

式中：IFR、IBD分别为贝类对海水中无机物的过滤速率（Rate of Inorganic Matter Filtration）和生物沉积速率（Rate of Inorganic Matter Biodeposition），PIM为贝类所过滤海水中的颗粒无机物（Particulate Inorganic Matter）浓度。

而总滤食速率（FR）可表示为

$$FR=CR \cdot TPM=IBD \cdot TPM/PIM$$

式中：TPM为贝类所过滤海水中的总颗粒物（Total Particulate Matter）浓度。

当颗粒物浓度很高以致引起假粪生产时，摄食率（IR）为

$$IR=FR-RR$$

式中：RR为贝类对所过滤的食物拒绝摄食的速率，即假粪的排出速率。

贝类对海水中颗粒有机物（POM）或颗粒有机碳（POC）、颗粒有机氮（PON）和颗粒磷（PP）的有机滤食速率（OFR）可表示为

$$OFR=IBD \cdot r$$

式中：r为海水中POM浓度或POC浓度、PON浓度和PP浓度与PIM浓度的比值。

计算贝类对摄入有机质吸收率的方法：

$$AR=OFR-OBD=IBD \cdot r - OBD$$

$$AE=AR/OIR=AR/（OFR-ORR）=AR/（IBD \cdot r-ORR）\times 100\%$$

如果ORR=0，则

$$AE=AR/OFR=（1-OBD/IBD \cdot r）\times 100\%$$

式中：OIR为贝类对有机物的摄食速率，OBD为有机物的生物沉积速率，ORR为有机物被拒绝摄入（假粪形式）的速率，r为POM浓度或POC浓度、PON浓度和PP浓度与PIM浓度的比值。

从上述可以看出，吸收速率的测定并不需要单独估计粪和假粪中有机物的排出量，而只需要测定总生物沉积物的有机物排出速率（OBD）。计算AE时，却需要测量假粪中有机物的排出速率（ORR）。在生物沉积法的基础上，结合双壳贝类的代谢能（通常通过测定耗氧率来估算）和排泄能（一般通过测定氨氮排泄率来估算）的研究方法，即可进行双壳贝类能量收支的研究，包括SFG、K_1和K_2等。

2. 生物沉积法与传统方法的比较

生物沉积法被证明是测定双壳贝类生理生态学参数的有效方法，尤其是在现场条件以及当饵料浓度超过假粪形成的界限的情况下。Conover提出的贝类吸收率的常规测定方法不适用于饵料浓度超过假粪形成的界限的情况。生物沉积法要求定量收集双壳贝类在一定时间内所产生的生物沉积物，而必须识别并去除其他并非由贝类产生的沉积物（图1-4）。

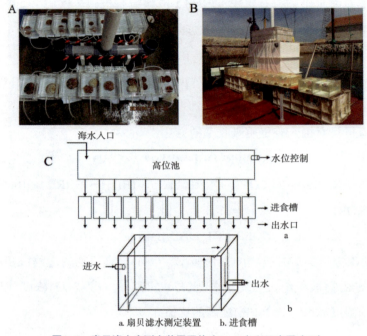

图1-4　扇贝滤水率测定装置照片（A、B）和示意图（C）

　　与传统方法相比，这种方法主要在原地自然颗粒物供给和水流的情况下进行双壳贝类生理生态学参数的测定，更能精确地测量贝类的摄食与吸收，有助于准确评价双壳贝类在沿海生态系统的能量流动和物质循环中所起的作用。

　　应用生物沉积法研究贝类的滤水率等参数也有不足之处，其现场操作比较费时、工作量大，而且受海域环境条件的影响和限制。

　　3. 栉孔扇贝现场流水法简介

　　测定装置安装在扇贝养殖容量评估海域的海边。将自然海水用小型水泵泵入高位池中，并保持水位稳定。高位池中的海水通过管道与流量控制器相接，海水通过细管进入滤水率测定槽，各测定槽的海水流速控制在300～500 mL/min。

　　测定实验用栉孔扇贝从海上养殖笼取回后，洗刷干净壳上的附着生物，按照扇贝的大小分成8个组，包括7个实验组（每组含4个大小相近的扇贝）和1个对照组，放于实验水槽（图1–4中的进食槽）中适应3 ~ 6 d，其间定时用软管虹吸水槽中的沉淀。

测定方法：每隔6 h测定1次每个水槽的流速、海水中叶绿素a和POM的含量，以进水孔和出水孔处叶绿素a含量的差计算滤水率。24 h后收集扇贝排出的粪便，用GF/C玻璃纤维滤纸抽滤滤干后置于干燥器中在–20℃温度下贮存以备分析。

滤水率和个体干组织重之间的关系为FR=2.914 2$W^{0.376\,2}$，R^2=0.939 2；而滤水率和扇贝壳高之间的回归方程为FR=0.494 3$L^{1.039\,2}$，R^2=0.915 1。扇贝的同化率和扇贝个体大小之间没有明显的关系。不同大小的扇贝的平均日排便量为30 ~ 120 mg；吸收率为56.64% ~ 62.80%，平均值为60.70%。

二、滤食性贝类养殖容量评估

（一）浅海开放水域滤食性贝类养殖容量动态评估模型

浅海开放水域滤食性贝类养殖容量动态评估模型主要依据研究海域内饵料生物的输送、其他滤食性生物的种群和生物量、养殖贝类的摄食生理生态瞬时变化等参考信息，进行既定养殖贝类的动态养殖容量的估算（图1–2）。

其评估模型为

$$\mathrm{CC}_i \leqslant \frac{\{\overline{(\mathrm{CoP})}_i \times S \times D + [\overline{(\mathrm{CoP})}_{a_1} \times \mathrm{CV}_{a_1} \times A_{a_1} - \overline{(\mathrm{CoP})}_{a_2} \times \mathrm{CV}_{a_2} \times A_{a_2}] \times T\} - \sum_{j=1}^{m} \mathrm{FR}_{fi} \times B_{ij} \times T_i}{\mathrm{FR}(\mathrm{CoP})_{ti} \times T_i}$$

式中：CC_i为i时刻的养殖容量（ind/m²）；S为研究水域面积（m²）；D为研究水域水深（m）；T_i为涨潮（或退潮）至i时刻的时间（h）；CV_{a_1}为a_1点T时间内的海流平均流速（m/h）；CV_{a_2}为a_2点T时内的海流平均流速（m/h）；A_{a_1}为a_1点所在面的截面积（m²）；A_{a_2}为a_2点所在面的截面积（m²）；$\overline{(\mathrm{CoP})}_i$为$i$时刻养殖水域颗粒有机物或叶绿素a浓度（mg/m³）；FR_{fi}为i时刻滤食性生物个体摄食率［mg/（ind·h）］；FR（CoP）$_{bi}$为i时刻滤

食性贝类的个体摄食率 [mg/（h·g）]；B_{ij}为i时养殖水域第j种滤食性生物总生物量（ind）；m为附着生物种类数。

该模型与国内外已有的容量评估模型相比，充分考虑了潮汐、流速、营养物质的分布、饵料营养物质在养殖水域内外的补充与消耗，具有涉及参数多、使用简易等特点，可以适合于任何时间对任何类型水域（包括半封闭水域、开放水域）和任何滤食性生物的养殖容量评估。

（二）海湾滤食性贝类养殖容量评估模型

滤食性生物的饵料主要由浮游植物和有机碎屑组成。湾内浮游植物的初级生产力的高低决定了滤食性生物的主要饵料的多寡，从而决定了海湾滤食性生物养殖容量。在内湾，由于水浅，沉积于海底的一些有机碎屑可以在风浪的作用下重新悬浮于海水中，特别是在风浪较大的情况下采集水样时，POM的浓度将会高于平时，容易产生较大误差。相对而言，叶绿素a所代表的浮游植物数量和浓度则较稳定，不易受风浪等物理因素的影响。在测定养殖和附着滤食性生物的滤水率时，建议采用现场或模拟流水法，即利用自然海水中的浮游植物和有机碎屑作为被测生物的饵料，获得的滤水率则与自然海区环境中滤食性生物的滤水率和摄食率接近。为减少研究结果误差，可采用叶绿素a和初级生产力所产生的有机碳作为计算海湾的滤食性贝类养殖容量的关键因子。其养殖容量估算公式为

$$CC = \frac{P - k \times C_{\text{Chl a}} \sum_{j}^{m}(\text{FR}_j \times B_j)}{k \times C_{\text{Chl a}} \times \text{FR}_S}$$

式中：CC为滤食性贝类养殖容量（ind/m²）；P为初级生产量 [mg/（m²·d）]；k为浮游植物体内有机碳与叶绿素a比值（40：1）；FR_j为不同种类的滤食性附着生物滤水率 [m³/（ind·d）]；$C_{\text{Chl a}}$为叶绿素a平均浓度（mg/m³）；FR_S为滤食性贝类滤水率 [m³/（ind·d）]；B_j为不同种类的滤食性附着生物密度（ind/m³）；m为滤食性附着生物种类。

（三）案例分析——桑沟湾栉孔扇贝养殖容量评估

1. 平面调查站位设置及调查项目

湾内、湾外共均匀设置23个采样调查站位和6个海流观测站位。

调查项目包括氨氮、硝酸盐氮、亚硝酸盐氮、磷酸盐磷、化学需氧量（COD）、pH、水温、盐度、叶绿素a浓度、POM浓度和TPM浓度等。调查站位设置见图1-3。

2. 水样采集及测定方法

调查船使用GPS定位。除冬季外，每月调查1次。采水器为颠倒采水器。每个位点水样分底层和表层两个，底层水样采集水深超过5 m；水深小于5 m的水域只采表层水样。叶绿素a的测定根据Parsons等推荐的分析方法进行。水样先用10目筛绢过滤除掉浮游动物和大型藻类，然后用0.45 μm孔径的醋酸纤维微孔滤膜进行抽滤，最后用分光光度计测定。

3. 滤食性生物滤水率、摄食量的测定

1993年9月、11月，1994年5月，1995年4～5月在模拟现场条件下的流水系统中对桑沟湾的主要养殖和附着滤食性生物的滤水率和摄食量进行了测定。滤水率采用以下公式计算：

$$\mathrm{FR} = V\,\frac{(P_{\mathrm{CP}} - P_{\mathrm{ex}})}{P_{\mathrm{CP}}}$$

式中：FR为滤水率（L/h）；P_{CP}为进水口处平均叶绿素浓度（μg/L）或POM浓度（mg/L）；P_{ex}为出水口处平均叶绿素浓度（μg/L）或POM浓度（mg/L）；V为流量（L/h）。

栉孔扇贝和滤食性附着生物摄食量的计算公式如下：

$$F_{\mathrm{demand}} = k \times C_{\mathrm{Chl\,}a} \times \mathrm{FR} \times 10^{-12}$$

式中：F_{demand}为生物摄食量［t/（ind·d）］；k为浮游植物体内有机碳与叶绿素a的比值（40∶1）；FR为24 h内滤水量（L/d）；$C_{\mathrm{Chl\,}a}$为湾内叶绿素a浓度（μg/L）。

4. 初级生产力的测定

用¹⁴C法测定该湾不同水域的浮游植物同化系数，同时用透明度板测量每个站位的透明度。初级生产力的计算公式采用Cadee和Hegeman提出的计算真光层初级生产力的简化公式：

$$P = \frac{1}{2}\,\mathrm{PP} \times E \times D$$

式中：P为现场每日初级生产力［mg/（m²·d）］；PP为表层水样潜在生产力［mg/（m³·h）］；E为真光层深度（m）；D为日出到日落的时间长度（h）。

5. 桑沟湾养殖扇贝单位面积滤食性附着生物密度

根据荣成市水产局提供的数据，桑沟湾栉孔扇贝的总养殖量为20亿个，其中壳高3～4 cm、4～5 cm和5～6 cm规格的扇贝分别为8.0亿、6.4亿和5.6亿个。按照当时的养殖方法，即按养成笼间距为1 m，每笼7层，每层放养35个，筏绳间距为5 m计算，该湾栉孔扇贝的养殖密度为50 ind/m²。

桑沟湾全年或季节性的主要滤食性附着生物有玻璃海鞘、柄海鞘、紫贻贝、带偏顶蛤等，其中贻贝和带偏顶蛤大部分附着在筏绳和浮漂上；玻璃海鞘则大部分附着在养成笼内塑料圆盘的底面，且生物量较大。柄海鞘分为大和小两类。由于扇贝养成期间养殖笼需要经常更换，附着在养殖器材上的生物大部分被带到岸上曝晒而死亡，因此，大柄海鞘的个体生物量小于小柄海鞘，且大部分附着生长在筏绳和浮漂上。小柄海鞘个体较小，但生物量较大。

附着生物的估算方法：每次调查时，分别在大、中、小扇贝养殖区随机取20个浮漂、2 m筏绳和20个扇贝进行附着生物计数，分别取平均值作为不同季节附着生物的生物量，然后根据总养殖面积、养殖器材和平均附着生物量，推算出总平均附着生物量。

6. 桑沟湾不同季节源于初级生产力的有机碳供应量计算

桑沟湾源于初级生产力的有机碳供应量计算公式如下：

$$F_s = \sum_{i=1}^{n}(P_i \times T_i \times S) \times 10^{-9}$$

式中：F_s为有机碳总供应量（t）；P_i为初级生产力［mg/（m²·d）］；T_i为取样间隔时间（d）；S为试验水域面积（m²），n为取样次数。

7. 桑沟湾不同规格的栉孔扇贝滤水率、摄食量的季节变化

从表1-8可以看出，桑沟湾内的栉孔扇贝的滤水率、摄食量因规格和

季节不同而变化较大。滤水率和摄食率与扇贝的大小呈正比关系,规格越大,滤水率和摄食率就越高。由于涉及繁殖等因素,扇贝滤水率和摄食率的季节变化比较复杂。一般来说,其滤水率随着水温的升高而升高;摄食率除了在繁殖季节前期和繁殖期间较小外,其他季节的变化趋势基本上与滤水率一致。

表1-8　桑沟湾栉孔扇贝滤水率、摄食率的季节变化

日期	Chl a/（μg/L）	滤水率/［L/（ind·h）］			摄食率/［μg（Chl a）/（ind·d）］		
		3～4 cm	4～5 cm	5～6 cm	3～4 cm	4～5 cm	5～6 cm
01-20	412	025	042	080	2 472	4 153	7 910
03-28	524	070	108	248	8 803	13 582	31 188
04-25	231	159	239	313	8 815	13 215	17 353
05-28	214	164	225	358	8 423	11 556	18 337
07-09	688	226	320	446	37 317	52 838	73 644
08-24	409	286	414	524	28 074	40 638	51 436
09-25	362	276	405	515	23 979	35 186	44 743
10-14	169	196	290	416	7 950	11 762	16 873
11-15	095	025	072	230	1 026	1 642	5 244

8. 桑沟湾主要滤食性附着生物生物量及摄食的季节变化

桑沟湾全年或季节性的主要滤食性附着生物有玻璃海鞘、柄海鞘、贻贝、带偏顶蛤,以上主要滤食性附着生物的平均生物量和总资源量如表1-9所示。从表1-9可以看出,玻璃海鞘和柄海鞘是该湾最大的附着生物种类,其总资源量均约为养殖扇贝的2倍;其次为贻贝;带偏顶蛤生物量最小。

表1-9　桑沟湾主要滤食性附着生物不同季节的平均生物量

种类	贻贝 *Mytilus edulis*	带偏顶蛤 *Modiolus* sp.	玻璃海鞘 *Ciona* sp.	小柄海鞘 *Styela* sp.	大柄海鞘 *Styela* sp.
面积/hm²	4 000	4 000	4 000	4 000	4 000
生物量/ （ind/hm²）	67 500	7 500	1 000 000	1 000 000	167 500
总生物量/ （×10⁶）	270	30	4 000	4 000	670

　　桑沟湾内贻贝、带偏顶蛤和大柄海鞘是常年生存种类，这3种生物主要附着在养殖筏绳和浮漂上。小柄海鞘和玻璃海鞘主要是当年繁殖生长种类，其在冬、春季生物量很小，本研究只在5月份以后计算其摄食量。桑沟湾主要附着生物滤水率以贻贝为最大，带偏顶蛤次之，海鞘类滤水率相对较小。玻璃海鞘的滤水率比当年生柄海鞘高1倍左右。各种滤食性附着生物的滤水率5月份最大，夏季次之，冬季最小（表1-10）。

表1-10　桑沟湾主要滤食性附着生物滤水率的季节变化

月份	滤水率/［L/（ind·h）］				
	贻贝 *Mytilus edulis*	带偏顶蛤 *Modiolus* sp.	玻璃海鞘 *Ciona* sp.	小柄海鞘 *Styela* sp.	大柄海鞘 *Styela* sp.
1月	0.20	0.05			0.01
5月	4.39	4.01	0.73	0.36	3.19
9月	1.80	1.70	1.13		
11月	0.63	0.16	0.35	0.18	0.02

　　根据以上滤食性附着生物的平均生物量、滤水率、叶绿素a浓度，桑沟湾的滤食性附着生物单位面积日摄食量的计算结果如表1-11所示。

表1-11　桑沟湾主要滤食性附着生物单位面积日摄食量的季节变化

日期	叶绿素a浓度 /（mg/m³）	单位面积日摄食量/［g（C）/（hm²·d）］					
		贻贝 *Mytilus edulis*	带偏顶蛤 *Modiolus* sp.	玻璃海鞘 *Ciona* sp.	小柄海鞘 *Styela* sp.	大柄海鞘 *Styela* sp.	小计
01-20	4.12	53.25	1.50			6.75	61.50
03-28	5.24	68.25	2.25			8.25	78.75
04-25	2.14	94.50	3.00			7.50	105.00
05-28	2.26	87.00	2.25			6.75	96.00
07-09	6.88	280.50	8.25	2 311.50	1 188.75	22.50	3 811.50
08-24	4.09	167.25	4.50	1 374.00	706.50	13.50	2 265.75
09-25	3.62	147.75	4.50	1 216.50	625.50	12.00	2 006.25
10-14	1.69	69.00	2.25	567.75	291.75	5.25	936.00
11-15	0.95	39.00	0.75	319.50	164.25	3.00	526.50

9. 桑沟湾对滤食性生物的有机碳供应量

根据不同季节的同化系数、叶绿素a浓度，桑沟湾源于初级生产力生产的有机碳供应量的周年变化见表1-12。该湾源于初级生产力的有机碳供应量的变化与生物的摄食习性、水温和叶绿素a浓度变化密切相关。

表1-12　桑沟湾浮游植物源于初级生产力的有机碳供应量的周年变化

日期	叶绿素a浓度 /（mg/m³）	面积 （×10⁸m²）	PP /［mg（cm²·d）］	UADPP /［kg/(hm²·d)］	DPP/（t/d）
01-20	4.12	1.33	179.47	1.79	23.93
03-28	5.24	1.33	134.69	1.79	17.96
04-25	2.14	1.33	62.86	1.34	9.05
05-28	2.26	1.33	231.63	0.63	32.25
07-09	6.88	1.33	1 419.68	2.32	189.29
08-24	4.09	1.33	974.61	14.20	137.89
09-25	3.62	1.33	963.55	9.74	126.70
10-14	1.69	1.33	206.03	9.63	27.47
11-15	0.95	1.33	179.32	2.06	23.91

PP：初级生产力；DPP：日有机碳供应量；UADPP：单位面积有机碳供应量。

10. 桑沟湾栉孔扇贝不同时期总养殖容量

根据前面列出的扇贝摄食量、附着生物生物量、扇贝滤水率和摄食量以及初级生产力，桑沟湾不同规格的栉孔扇贝单位面积养殖容量和养殖总容量分别如表1-13和表1-14所示。

表1-13　桑沟湾栉孔扇贝单位面积养殖容量

日期	DPP / [t（C）/d]	附着生物摄食量 / [t（C）/d]	栉孔扇贝摄食量 / [t（C）/d]			单位面积养殖容量 / （ind/m²）		
			3～4 cm	4～5 cm	5～6 cm	3～4 cm	4～5 cm	5～6 cm
01-20	23.93	0.25	988.8	1 661.2	3 164.2	167	99	52
03-28	17.96	0.31	3 521.2	5 432.8	9 306.4	46	30	17
04-25	9.05	0.42	3 526.0	5 300.0	6 941.2	19	12	10
05-28	32.25	0.39	3 369.2	4 622.4	7 354.8	85	62	39
07-09	189.29	15.25	14 926.8	2 1135.2	2 9457.6	67	47	34
08-24	137.89	9.06	11 229.6	16 255.2	20 574.4	76	52	41
09-25	126.70	8.02	9 591.6	14 074.4	17 897.2	85	58	46
10-14	27.47	3.74	3 180.0	4 704.8	6 749.2	18	12	8
11-15	23.91	2.11	410.4	656.8	2 097.6	283	177	55
平均	65.38	4.39	5 638	8 204	11 504	94	61	34

DPP：日有机碳供应量。

根据全年初级生产力、滤食性附着生物的资源量和总摄食量、栉孔扇贝的个体滤水率和摄食量，桑沟湾扇贝不同季节的养殖总容量见表1-14。表中理论养殖容量的数据得出的前提是该湾全部面积都能养殖扇贝。但该湾水深小于5 m的浅水区和航道等不能进行扇贝养殖的水面约占总面积的1/4，因此，该湾的栉孔扇贝实际养殖容量应为理论养殖容量的3/4左右，如表1-14中限定养殖容量一栏所示。

表1-14　桑沟湾栉孔扇贝总养殖容量

日期	理论养殖容量/亿个			限定养殖容量/亿个		
	3～4 cm	4～5 cm	5～6 cm	3～4 cm	4～5 cm	5～6 cm
01-20	240	143	75	180	107	56
03-28	50	33	19	38	25	14
04-25	25	16	12	19	12	9
05-28	95	69	43	71	52	32
07-09	117	82	59	88	62	44
08-24	115	79	63	86	59	47
09-25	124	84	66	93	63	50
10-14	75	50	35	56	38	26
11-15	531	332	104	398	249	78
平均	152	99	53	114	74	40

11. 养殖容量估算方法及误差来源

Bacher试验结果表明，底栖生物对筏式养殖生物生长的影响与养殖密度对养殖生物生长的影响相比，基本上可以忽略不计。为了简化估算模式，本研究未考虑底栖滤食性生物对养殖容量的影响。

大部分浮游动物可以直接摄食浮游植物，是影响初级生产力的主要关键因子之一。在本研究中，由于考虑到每次取水样测定叶绿素a时，浮游动物已经对浮游植物进行了摄食，而且测定频率基本上为每月1次，间隔期间较短，因而认为测定数据即为该湾浮游动物摄食后的叶绿素a浓度，故没有对浮游动物对初级生产力的影响进行专门分析计算。

养殖容量分为单位面积养殖容量和养殖总容量。通过估算单位面积养殖容量，可以了解目前的养殖密度是否处于最佳养殖密度范围内，以便根据养殖容量调整养殖密度和养殖模式，使养殖水域达到持续发展的目的。

养殖容量是衡量养殖水域养殖潜力的动态指标，各种生态环境因子的变化均能引起其较大的变化，因而不同季节养殖容量不同。

作者对桑沟湾全年初级生产量有机碳的估算值为24 000 t，高于毛兴华等于20世纪80年代中期估算的结果（约8 000 t）。产生差异的主要原因可能是在测定叶绿素a时作者使用的微孔滤膜孔径为0.45 μm，而毛兴华等用的微孔滤膜孔径为0.65 μm。

养殖容量的估算精确性受海流、初级生产力、试验条件等诸多因子的影响，任何一个因子的偏差都会使容量估算产生较大的误差。虽然扇贝的主要饵料为浮游植物，但其还同时摄食一些有机碎屑、小型浮游动物、细菌等。本养殖容量估算方法和模式是以叶绿素a为指标而建立的，如何对浮游植物以外的食物种类进行定量定性，准确测定滤食性生物摄食生理生态参数，完善扇贝养殖容量估算方法，有待进一步研究。

参考文献

方建光，匡世焕，孙慧玲，等.桑沟湾栉孔扇贝养殖容量的研究［J］.海洋水产研究，1996b，17（2）：19–32.

方建光，孙慧玲，匡世焕，等.桑沟湾海带养殖容量的研究［J］.海洋水产研究，1996a，17（2）：7–17.

中华人民共和国国家质量监督检验检疫总局，中国国家标准化管理委员会.海洋调查规范［S］.北京：中国标准出版社，1975.

中华人民共和国国家质量监督检验检疫总局，中国国家标准化管理委员会.海洋污染调查规范［S］.北京：中国标准出版社，1979.

焦念志，王荣.胶州湾浮游生物群落NH_4^+—N的吸收与再生通量［J］.海洋与湖沼，1993，24（3）：217–225.

匡世焕，方建光，孙慧玲，李锋.桑沟湾栉孔扇贝不同季节滤水率和同化率的比较［J］.海洋与湖沼，1996，27（2）：194–199.

李顺志，张言怡，王宝捷，丛沂之，王利超，杨清明.扇贝海带间养试验研究［J］.海洋湖沼通报, 1983（4）: 69–75.

毛兴华, 等.桑沟湾增养殖环境综合调查研究［M］.青岛: 青岛出版社, 1988.

孙慧玲, 方建光, 匡世焕, 等.栉孔扇贝（*Chlamys farreri*）在模拟自然水环境中滤水率的测定［J］.中国水产科学, 1995（4）: 16–21.

王丽霞, 赵可胜, 孙长青.桑沟湾海域物理自净能力分析［J］.青岛海洋大学学报（自然科学版）.1994（S1）: 84–91.

王如才, 王昭萍, 张建中.海水贝类养殖学［M］.青岛: 青岛海洋大学出版社, 1993.

Bayne B L, Hedgecock D, Dan M G, et al. Feeding behaviour and metabolic efficiency contribute to growth heterosis in Pacific Oysters ［*Crassostrea gigas*（Thunberg）］［J］. Journal of Expenmental Marine Biology and Ecology, 1999, 233: 115–130.

Beauvais C. Etude de l'impact du stock d'huîtres et des mollusques compétiteurs sur les performances de croissance de *Crassostrea gigas*, à l'aide d'un modèle de croissance. Marine Science Symposia, 1991, 192: 41–47.

Cadée G C, Hegeman J. Primary production of phytoplankton in the Dutch Wadden Sea. Netherlands Journal of Sea Research, 1974, 8（2–3）: 240–259.

Carver C E A, Mallet A L. Estimating the carrying capacity of a coastal inlet for mussel culture. Aquaculture, 1990, 88（1）: 39–53.

Conover R J. Assimilation of organic matter by zooplankton ［J］. Limnology and Oceanography, 1966, 11: 338–345.

Coughlan J. The estimation of filtering rate from the clearance of suspensions ［J］. Marine biology, 1969, 2: 356–358.

Cranford P J, Grant J. Particle clearance and absorption of phytoplankton and detritus by the sea scallop *Placopecten magellanicus*（Gmelin）［J］. Journal of Expenmental Marine Biology and Ecology, 1990, 137: 105–121.

FAO. Culture of kelp（*Laminaria japonica*）in China RAS/86/024.

Training Manual, 1989, 1: 140.

Grant J, Dowd M, Thompson K, et al. Perspectives on field studies and related biological models of bivalve growth and carrying capacity [M] //Dame R F. Bivalve filter feeders in estuarine and coastal ecosystem processes. Berlin: Springer-Verlag, 1993: 371–420.

Grenz C, Masse H, Morchid A K, Parache A A. An estimate of the energy budget between cultivated biomass and the environment around a mussel–park in the northwest Mediterranean Sea [J] . ICES marine Science Symposia, 1991, 192: 63–67.

Hawkins A J S, Smith R F M, Bayne B L, et al. Novel observations underlying the fast growth of suspension–feeding shellfish in turbid environments: *Mytilus edulis* [J] . Marine Ecology Progress Series, 1996, 131: 179–190.

Iglesias J I P, Uirutia M B, Navarro E, et al. Measuring feeding and absorption in suspension– feeding bivalves: an appraisal of the biodeposition method [J] . Journal of Expenmental Marine Biology and Ecology, 1998, 219: 71–86.

Incze L S, Lutz R A, True E. Modeling carrying capacities for bivalve molluscs in open, suspended-culture systems [J] . Journal of the World Aquaculture Society, 1981, 12（1）: 141–155.

Kaspar H F, Gillespie P A, Boyer I C, et al. Effects of mussel aquaculture on the nitrogen cycle and benthic communities in Kenepuru Sound, Marlborough Sounds, New Zealand [J] . Marine Biology, 1985, 85（2）: 127–136.

Kuang S, Fang J, Sun H, et al. Seasonal studies of filtration rate and absorption efficiency in the scallop *Chlamys farreri* [J] . Journal of Shellfish Research, 1997, 16: 39–45.

Parsons T R, Maita Y, Lalli C M. A manual of chemical and biological methods for seawater analysis [M] . Oxford: Pergamon Press, 1984: 104–107.

Pilditch C A, Grant J. Effect of variations in flow velocity and phytoplankton concentration on sea scallop（*Placopecten magellanicus*）grazing rates［J］. Journal of Expenmental Marine Biology and Ecology, 1999, 240: 111–136.

Riisgard H U. On measurement of filtration rates in bivalves the stony road to reliable data: review and interpretation［J］. March Ecology progress Series, 2001, 211: 275–291.

Riisgard H U. Filtration rat e and growth in the blue mussel, *Mytilus edulis linneaus*, 1758: dependence on algal concentration［J］. Journal of Shellfish research, 1991, 10: 29–35.

Rodhouse P G, Roden C M. Carbon budget for a coastal inlet in relation to intensive cultivation of suspension-feeding bivalve mollusks［J］. Marine Ecology Progress, 1987, 36（3）: 225–236.

Rosenberg R, Loo L O. Energy-flow in a *Mytilus edulis*, culture in western Sweden［J］. Aquaculture, 1983, 35（2）: 151–161.

Semura, H. The effect of algal species and concentration on the rates of filtering, digestion, and assimilation of the adult Japanese Bay Scallop *Pecten albicans*［J］. Nippon Suisan Gakkaishi, 1995, 61: 673–678.

Strandø. Enhancement of bivalve production capacity in a landlocked heliothermic marine basin［J］. Aquaculture Research, 1996, 27（5）: 355–373.

Thompson K R, Grant J. A model of carrying capacity for suspended mussel culture in eastern Canada［J］. Journal of Shellfish Research , 1988, 7（3）: 658.

Widdows J. Combined Effects of Body Size, Food concentration and season on the physiology of *Mytilus edulis*［J］. Journal of the Marine Biological Association of the United Kingdom, 1978, 58（1）: 109–124.

方建光

第四节　鱼类网箱养殖区的环境容量评估及其生态环境调控策略

一、鱼类网箱养殖对环境的影响

海水鱼类网箱养殖是一种高密度、集约化的科学养鱼方式。随着中国人民生活水平的不断提高，人们对鲜活、高档水产品的需求日益增加，推动了海水网箱鱼类养殖业的发展。目前中国养殖鱼类已经超过80种，产量超过130万吨（唐启升等，2016）。网箱养殖技术和模式不断进步，网箱养殖品种和规模也不断扩大，已发展成为中国广大沿海地区最重要的海水养殖产业之一。2016年全国海水网箱养殖产量达到62万吨。然而，除受外部污染因素影响之外，海水鱼类网箱养殖方式是一个以人工饲料为能源的异养型养殖系统，也是对养殖水域及其邻近水域生态环境产生负面影响的污染源。

葛长字（2007）以爱伦湾大网箱为例，研究了网箱养殖对环境的影响。结果表明，夏季鱼类的摄食最活跃，花鲈（*Lateolabrax japonicus*）的摄食率为1.4%～4.4%，8月最大。残饵率在11.0%～28.0%之间，7～9月最高。1个养殖周期内，约有38.6 t DO被养殖花鲈消耗，7～9月进入耗氧高峰期。养殖鱼类在网箱养殖区域的营养盐循环中起着重要的作用。花鲈4～12月向爱伦湾输出1～1.6 t氮。在面积2 m×10 m的抗风浪网箱养殖区，养殖鱼类因排泄而再循环的氮能满足浮游植物生产所需氮的17.2%～27.5%。养殖花鲈因排粪向水体输出12 t颗粒物。可见网箱养殖对环境的影响是很大的，主要包括对水质、沉积物和生物的影响。

（一）对水质的影响

海水网箱养殖的残饵和鱼类排泄物含有碳、磷和氮等元素。据估计，生产1 t虹鳟（*Oncorhynchus mykiss*），产生150~300 kg的残饵（约合投饵量的30%）及250~300 kg粪便。部分残饵和排泄物以溶解态形式进入水体，部分以颗粒态形式进入水体，改变养殖水域环境，导致水体中碳、氮、磷及悬浮颗粒物含量显著上升。

长期的高碳含量会加剧细菌对有机物的分解，导致水体化学耗氧量上升。氮、磷元素也会对网箱养殖海域生态环境产生显著的影响，如造成水体富营养化、改变水体氮磷比等。水体悬浮颗粒物增加，会导致水体透明度下降，影响鱼类的视觉反应，而鱼类的弱视觉反应可能导致残饵量增加并产生更多的悬浮颗粒物。悬浮颗粒物可能会堵塞鱼类的呼吸系统。网箱养殖鱼类直接消耗水体60%~74%的氧气，网箱养殖过程中产生的碳、氮、磷及悬浮颗粒物，可导致水体中DO进一步下降，使网箱养殖水体中的DO含量明显低于养殖区外的自然水体。在低DO环境中，一些耐污厌氧生物将发展成优势种，并产生还原性的生物群落结构，水体中的营养盐化学价态的转化也会被中断。当水体中的DO降到临界浓度4 mg/L以下时，就会抑制生物的生长。

（二）对表层沉积物的影响

网箱养殖产生的大量残饵和鱼类排粪物，沉积到网箱底部，底栖生物及微生物不能分解全部的沉积物。由于分解速率低，长期沉积造成养殖海域"海底上升"。沉积物中含有硫化物、有机碳、磷酸盐等物质，改变了底质环境，影响了底栖生物的种群结构。所以，网箱养殖对底质环境影响很大。网箱数量越多，养殖密度越大，残饵和排泄物越多，对底质环境影响越大，所以底质沉积物与养殖密度具有一定关系。

网箱养殖产生的残饵和粪便沉积到网箱底部，被底栖生物和微生物降解，消耗底层水中的DO，使沉积物层缺氧，并生成硫化物等毒性物质。养殖区沉积物中大量有机质可与部分金属形成配位化合物，因此在污染地区沉积物常富含重金属。在缺氧条件下，微生物活动可促使沉积物中的氮、磷元素以及铁、锰等微量元素加速释放到水体中，易诱发赤潮。

（三）对水生生物影响

海水网箱养殖，改变了养殖区水质环境和底质环境，进而影响了水生生物。网箱养殖可导致水体富营养化且氮、磷比例失衡，造成养殖区发生藻华。在网箱养殖的沿岸海域中，由于藻类密度增加，易造成水体高叶绿素、高混浊度、昼夜DO大幅波动。

网箱养殖产生的残饵和粪便沉积到网箱底部，引起硫化物和有机碳含量增加。一方面，这为底栖生物提供了丰富的营养物质。另一方面，有机碳分解过程中大量耗氧，释放出有毒的硫化氢气体；而许多种类底栖生物在低氧和高硫化氢的环境中不能生存，发生死亡。只有耐受性较强的种类大量繁殖。这些耐污种类大多个体较小，底栖生物群落结构发生改变。

网箱养殖还会影响养殖区附近的野生鱼类。网箱养殖区丰富的食物，吸引了大量野生鱼类，而且养殖海域附近野生鱼类比其他海域野生鱼类要大。在养殖过程中，如换网、药浴、收获等时，养殖鱼类逃逸现象时有发生。养殖鱼类的逃逸，会影响到养殖区域附近的野生鱼。逃逸鱼与野生鱼竞争食物和环境，极大地影响了野生鱼类。大量营养物质输入引起低营养级生物的生物量变化，细菌性和真菌性的疾病更普遍。此外，高密度网箱养殖，比自然状况下更易传播病害，某些养殖鱼类特有的病害，也可能会传染野生鱼类，造成野生鱼类的种类和数量减少，甚至导致某些种类的灭亡。另外，外来种、转基因鱼及定向育种鱼等养殖鱼类逃逸可能造成外源基因污染。鱼类养殖主要是以养殖生产为目的，养殖鱼类具有高生长率、低繁殖习性、低游泳能力特点。这些种类基因的变异性小、纯合性较高，有的甚至还带有人工插入的外源基因。如果这些鱼逃逸到自然环境，与野生鱼杂交，会导致野生鱼群基因库的减少，降低野生种的遗传变异，造成基因组成的均一化，进而导致野生种群对细菌、病毒的抵抗力及对环境突变的适应力减弱，可能造成野生种群的灭绝。

二、养殖容量的研究进展

海水养殖容量的研究始于日本（小林信三等，1978）。随着养殖规模的扩大，国内学者也较早关注了养殖容量的研究（唐启升，1996；方建光等；1996a，b；杨红生等，1999）。国内相关研究大多集中于自养型系统，对异养型养殖水域的研究不多见。

表1-15列举了网箱养殖容量主要研究进展。横山壽等（2002a，2002b）分析了日本熊野滩沿岸22个鱼类养殖场的水质、底质、大型底栖生物、养殖场地形等，认为养殖容量除了与有机负荷有关，也与养殖场本身的位置、地形等有关，并以"内湾度"等为指标，估算了不同规模养殖场的养殖容量。该方法非常简单，能够在较短时间得出粗略结果，但因为该评价方法是建立在对环境条件（陆源影响、潮汐、海况等变化不大）相似的小海湾研究的基础上，所以在其他海域的适用性值得商榷。

黄洪辉等（2003）通过对大鹏澳海水鱼类网箱养殖场颗粒有机碳的沉积通量和表层沉积物有机碳进行季节动态分析，结合养殖容量调查，发现对网箱养殖场养殖容量的关键限制因素是有机碳沉积物通量，提出以表层沉积物有机碳含量1.8%作为最高限值，得出春、秋两季的养殖容量分别约为650 t和550 t。该方法揭示了养殖自身污染和海域自净的动态变化，揭示表层沉积物有机碳含量与总容量呈显著的正相关关系，但鱼苗容量的相关系数较低，说明该方法尚有改进空间。

黄小平等（1998）以水体富营养化的限制因子氮、磷的最高值为控制值，用二维的水动力模型模拟了公湾海域网箱养殖容量。但对流速只有10 cm/s的半封闭海湾而言，残饵可能较快沉于海底，同时海流对沉于海底的残饵的搬运能力也较弱，沉入海底的残饵大量累积，而有机物的分解耗氧，将在底层形成缺氧环境，DO也会是限制因子。宁修仁等（2002）以三维的水动力模型模拟了夏季象山港无机氮的分布情况，以Ⅱ类、Ⅲ类水质标准（GB 3097—1997）中的氮的标准为限制值，估算整个内湾的养殖容量。黄小平和宁修仁都没有考虑养殖环境、底栖生物和养殖鱼类之间的响应关系，而这种响应关系往往是决定水域自净能力的关键因素。为了计算方便，模拟过程中，将氮、磷视为保守物质，实际上总氮、磷酸盐磷有较为活跃的吸附、解吸反应（范成新等，2004）。

也有学者利用三维的水动力模型——底层耦合的生态动力学模型来确定网箱养殖水域的容量（阿保勝之等，2003；Lee等，2003）。阿保勝之以日本1999年颁布的可持续养殖生产保护法中的底泥需氧量为限制条件，Lee以氮、磷负荷、底泥需氧量水质标准为限制条件。两者在模拟过程中考虑了养殖系统内部的各种生物地化过程，但只对养殖水域的总负荷量进行估计。

表1-15　网箱养殖容量研究进展

养殖品种	水域	承载力	确定方法	限制因子	参考文献
罗非鱼、斑点叉尾鮰	广西大化岩滩库区	32 393 t、23 250 t	物料平衡基础上的因子限制方法	磷（防止水华发生）阈值0.05 mg/L	张益峰等，2012
罗非鱼、斑点叉尾鮰	广西合浦水库	2 686 t、1 928 t	物料平衡基础上的因子限制方法	磷（防止水华发生）阈值0.05 mg/L	孔力兵等，2012
石斑鱼、鲑点石斑鱼、青石斑鱼、紫红笛鲷、真鲷等	广东大亚湾大鹏澳	650 t（春季）、550 t（秋季）	沉积物有机碳含量	有机碳阈值1.8 %	黄洪辉等，2003
斑点叉尾鮰、草鱼、鲤鱼、鳙、罗非鱼	龙滩水库；八达村库湾		物料平衡基础上的因子限制方法	中国Ⅲ类水质标准阈值0.05 mg/L	谢巧雄等，2014
未明确	三都湾	1.07 kg/m³	沉积物中硫化物含量	硫化物阈值300 mg/kg	杜琦和张皓，2010
未明确	上川岛公湾	65 000个网箱	水质动力学模型	氮（阈值0.3 mg/L）磷（阈值0.02 mg/L）	黄小平和温伟英，1998
鳜鱼	浮桥河水库		物料平衡基础上的因子限制方法	磷阈值0.066 mg/L	彭建华等，2004
未明确	广东哑铃湾	与养殖时限有关	物料平衡/水质动力学模型	氮和磷Ⅱ类水质标准	舒廷飞等，2005
未明确	挪威		MOM模型	氨氮、DO、底栖无脊椎动物，三因子最小值为区域负荷力	Stigebrandt等，2004

养殖品种	水域	承载力	确定方法	限制因子	参考文献
罗非鱼	巴西		物料平衡基础上的因子限制方法	磷	David等，2015
未明确			物料平衡基础上的因子限制方法	营养盐	Middleton 和 Doubell，2014；Middleton 等，2014

养殖海域水动力条件和网箱养殖系统的复杂性，增加了海水网箱养殖水域养殖容量确定的难度。现有的评估模式可以解决总量控制问题，但在满足养殖场养殖结构调整，养殖模式优化等问题时就有其局限性。

鱼类网箱养殖是中国渔业的重要组成部分，中国较早开展了池塘、水库网箱养殖容量模型研究。建立了网箱养殖鱼类花鲈和许氏平鲉（*Sebastes schlegeli*）的代谢特征和生物能量学模型，摸清了网箱养殖区主要营养物质的物质产生和输运规律；建立了网箱养殖区沉积物和营养盐的扩散模型。

（一）网箱养殖许氏平鲉对水体氨氮的动态负荷模型

一尾鱼在养殖周期内对环境氨氮负荷的数值模拟：鱼类的生长方程为 $g(W)=f(T, W)$，T 为水温，W 为鱼类质量；鱼类的氨氮排泄方程为 $N(W)=f'(T, W)$；养殖场的水温方程为 $T=f''(t)$，t 为时间。

不考虑环境胁迫对鱼类生长和排泄的影响，养殖 n 尾死亡率为 $m(t)$ 的鱼对环境氨氮的动态负荷为 $\begin{cases} g(W) \\ N(W) \cdot [1-m(t)] \cdot n \\ T \\ W_0 \end{cases}$，其中 W_0 为放养时鱼的平均体重。

（二）桑沟湾网箱养殖容量

K 为扩增倍数（养殖基数为 1 ind/m³），反映养殖规模。溶解态无机氮（DIN）对鱼类养殖的响应可表示为 DIN=$\partial K+\ell$。

$$DIN=\partial K+\ell = \begin{cases} 4月 & DIN=23.056K+34.353 & R^2=1 & n=9 \\ 5月 & DIN=44.603K+22.919 & R^2=0.999\ 7 & n=9 \\ 6月 & DIN=77.969K+63.12 & R^2=0.999\ 9 & n=9 \\ 7月 & DIN=118.17K+20.193 & R^2=0.999\ 3 & n=9 \\ 8月 & DIN=888.49K+43.343 & R^2=1 & n=9 \\ 9月 & DIN=189.07K+276.77 & R^2=1 & n=9 \\ 10月 & DIN=199.59K+160.73 & R^2=1 & n=9 \\ 11月 & DIN=265.1K+143.63 & R^2=1 & n=9 \\ 12月 & DIN=74.144K+107.53 & R^2=1 & n=9 \end{cases}$$

养殖规模对DIN起正效应。

DO对养殖规模的响应：

$$DO=\lambda K+\eta = \begin{cases} 4月 & DO=-282.08K+9\ 531.9 & R^2=1 & n=9 \\ 5月 & DO=-436.9K+8\ 659.2 & R^2=0.999\ 2 & n=9 \\ 6月 & DO=-605.13K+8\ 036.12 & R^2=0.999\ 7 & n=9 \\ 7月 & DO=-689.17K+7657 & R^2=0.999\ 0 & n=9 \\ 8月 & DO=-2\ 188.3K+7\ 759.6 & R^2=0.999\ 4 & n=9 \\ 9月 & DO=-1\ 012.3K+7\ 941.4 & R^2=1 & n=9 \\ 10月 & DO=-1\ 028.7K+8\ 178 & R^2=1 & n=9 \\ 11月 & DO=-1\ 120.7K+8\ 869.9 & R^2=1 & n=9 \\ 12月 & DO=-582.16K+9\ 636.9 & R^2=1 & n=9 \end{cases}$$

养殖规模与DO水平呈负相关。这种负面影响从大到小依次为8、11、10、9、7、6、12、5和4月。

海水 Ⅰ~Ⅴ类水质标准见表1-16。假设某一类水质标准的区间为 $[S_1, S_2]$，以此区间为标准则有 $S_1 \leqslant \partial K+\ell \leqslant S_2$，即 $\dfrac{S_1-\ell}{\partial} \leqslant K \leqslant \dfrac{S_2-\ell}{\partial}$。由此得到在不同季节，满足五类水质标准时所要求的养殖规模（表1-17）。

表1-16　海水水质标准

指标	Ⅰ	Ⅱ	Ⅲ	Ⅳ	Ⅴ
DIN/（mg/m³）	≤200	≤300	≤400	≤500	>500
DIP/（mg/m³）	≤15		≤30	≤45	>45
DO/（mg/m³）	>6 000	>5 000	>4 000	>3 000	≤3 000

表1-17 以DIN水平决定的养殖环境总容量

	4月	5月	6月	7月	8月	9月	10月	11月	12月
I类水质	$K \leq 7.18$	$K \leq 3.97$	$K \leq 1.76$	$K \leq 1.52$	$K \leq 0.18$	$K \leq -0.41$	$K \leq 0.20$	$K \leq 0.21$	$K \leq 1.25$
II类水质	$7.18 \leq K \leq 11.52$	$3.97 \leq K \leq 6.21$	$1.76 \leq K \leq 3.04$	$1.52 \leq K \leq 2.37$	$0.18 \leq K \leq 0.29$	$-0.41 \leq K \leq 0.12$	$0.20 \leq K \leq 0.70$	$0.21 \leq K \leq 0.59$	$1.25 \leq K \leq 2.60$
III类水质	$11.52 \leq K \leq 15.86$	$6.21 \leq K \leq 8.45$	$3.04 \leq K \leq 4.32$	$2.37 \leq K \leq 3.21$	$0.29 \leq K \leq 0.40$	$0.12 \leq K \leq 0.65$	$0.70 \leq K \leq 1.20$	$0.59 \leq K \leq 0.97$	$2.60 \leq K \leq 3.94$
IV类水质	$15.86 \leq K \leq 20.20$	$8.45 \leq K \leq 10.70$	$4.32 \leq K \leq 5.60$	$3.21 \leq K \leq 4.06$	$0.40 \leq K \leq 0.51$	$0.65 \leq K \leq 1.18$	$1.20 \leq K \leq 1.70$	$0.97 \leq K \leq 1.40$	$3.94 \leq K \leq 5.29$
V类水质	$K > 20.20$	$K > 10.70$	$K > 5.60$	$K > 4.06$	$K > 0.51$	$K > 1.18$	$K > 1.70$	$K > 1.40$	$K > 5.29$

注：K为"扩"增倍数；养殖规模的基数为1 ind/m³。

考虑到DO可能的校正效应，筏式网箱约484 ind，抗风浪网箱约15 600 ind。知道了面积就可以算出容纳多少个网箱。

（三）生物修复模式下的网箱养殖容量

以桑沟湾大型抗风浪网箱为例，夏季其对许氏平鲉的养殖容纳量为15 600 ind（平均体重70 g，箱体的结构为ϕ=16 m，深度20 m，并以Ⅱ类水质标准为限制条件）。在该海域养殖龙须菜作为修复生物，其养殖容量修复效应为0.033 ind/g。仅以龙须菜为修复生物，养殖容量提高10%～15%，所需要的龙须菜的质量为47.3～70.9 kg；即在控制养殖容量的条件下，只要每个箱体中培养59 kg龙须菜即可达到提高养殖容量10%～15%的目的。而目前，桑沟湾大型抗风浪网箱的养殖载荷（以单位箱体所投放的许氏平鲉数量计算）大致是养殖容纳量的1.28倍。因此，要达到修复的目的，并提高到目前的养殖载荷（当前养殖压力水平）10%～15%，所需要龙须菜的质量为193.9～224.2 kg；即在现有条件下，只要每个箱体养殖209 kg左右的龙须菜就可以使水质达到Ⅱ类水质标准，且现有养殖载荷提高10%～15%的目的。

以桑沟湾小型筏式网箱为例，夏季其对许氏平鲉的养殖容纳量为484 ind（平均体重70 g，箱体规格为5 m×5 m×5 m，并以Ⅱ类水质标准为限制条件）。在该海域养殖龙须菜作为修复生物，其养殖容量修复效应为0.033 ind/g。仅以龙须菜为修复生物，养殖容量提高10%～15%，所需要的龙须菜的质量分别为1.5～2.2 kg；即在控制养殖容量的条件下，只要每个箱体中培养1.8 kg龙须菜即可达到提高养殖容量10%～15%的目的。而目前，桑沟湾小型筏式网箱的养殖载荷（以单位箱体所投放的许氏平鲉数量计算）大致是养殖容纳量的1.03倍。因此，要达到修复的目的，并提高到目前的养殖载荷（当前养殖压力水平）10%～15%，所需要的龙须菜的质量为2.0～2.7 kg；即在现有条件下，只要每个箱体养殖2.4 kg左右的龙须菜就可以达到水质符合Ⅱ类水质标准，并且现有养殖载荷提高10%～15%的目的。

三、网箱养殖环境调控策略

（一）网箱养殖生物修复技术的研究进展

生物（生态）恢复（修复）（Bioremediation/Biorestoration）技术被称为生物处理技术的一个里程碑，已得到世界环保部门的认可，并已引起工业界的关注。该技术是利用生物的代谢活动减少环境中有毒有害物质的浓度或使其完全无害化，使污染环境能部分或完全恢复到初始状态的过程。

该技术的基础研究始于20世纪70年代，集中在水体、土壤和地下水环境中石油生物降解的实验室研究。20世纪80年代以后基础研究的成果被应用于大范围的污染环境治理，并取得了相当的成功：1989年美国环境保护局在阿拉斯加Exxon vadez石油泄漏的生物修复项目中，短时间内消除了污染，治理了环境，为生物修复提供了一个成功的例证；1993年密执安Grayling一个空军基地柴油贮罐管道破裂造成的深层土壤和水体高浓度污染治理工程也令人信服地证明了生物修复技术的成功。

应用生物修复技术促进水产养殖资源的可持续利用是目前海洋生物技术的一个重要领域，海洋生物修复技术的开发与应用是环境生态技术研究发展的重点。生物修复技术作为一项高效、节能的环保技术，已被国外广泛用于治理水域环境。而随着海水养殖业，尤其是陆基和浅海等以投饵为主的集约化养殖方式的自身污染日益突出，人们正极力探索和应用生物修复技术改善和优化养殖环境，减少废物输出，使排出废物中的营养物质循环利用，达到环境和经济的平衡发展。

国外对网箱养殖区的环境管理，主要是通过控制网箱的数量、养殖规模和网箱养殖区的轮养、轮休来实现的，但是网箱养殖的利用效率较低，很多营养物质通过粪便、残饵和可溶性物质释放到水体中，造成环境的污染和资源的巨大浪费。这种以牺牲环境为代价的养殖方式已经不被公众、科学家、产业界和政府所接受。很多科学家在探讨社会认可、环境友好和效益显著的多营养层次综合水产养殖方式（Troell等，2009）。基于IMTA理论指导下的网箱养殖环境的生物修复技术也在不断发展，该技术通过在网箱养殖区养殖大型藻类和贝类等清洁生物来控制养殖生态过程和修复养殖区环境。加拿大启动了DIAEEBDSA（发展综合水产养殖，促进环境和经济平衡的多样化和社会可接受性）项目进行网箱养殖区的环境修复，初步取得了实验规模上的成功，是网箱养殖区生物修复的范例。该项目提出创新的解决方案，在操作方便的前提下，充分考虑实验海区的特性，把鲑鳟鱼、贻贝和海藻按照适当的比例搭配，建立综合水产养殖系统，实现了鲑鳟鱼养殖业环境和经济的双赢，通过优化投喂管理和提高食物转化率，系统中一个养殖单元中排出的废物转化为肥料或饵料而被另外的养殖单元利用，从而达到对有限资源的高效利用。

近20年来，中国水环境的生物修复技术得到长足发展，水产养殖环境的生物修复技术也逐步发展起来，涉及微生物、大型藻类、贝类和海参等多种清洁生物对养殖池塘和浅海养殖环境的生物修复技术的研究。海水鱼类网箱养殖在中国不断发展壮大，网箱养殖对环境影响的研究也已开展（宁修仁等，2002；高爱根等，2005；葛长字等，2007），但有关海水鱼类网箱养殖的生物修复作用的研究还较少。汤坤贤等（2005）利用菊花心江蓠和龙须菜对福建省东山县八尺门网箱养殖区进行生物修复实验，认为江蓠对受污染的海水具有较好的修复效果，能有效提高水中的DO和降低水中的无机氮、无机磷的浓度。Zhou等（2006）报道了在网箱周围养殖的龙须菜生长良好，具有较高的生长率和氮、磷吸收速率，藻体组织体内的碳、氮、磷含量均较高。养殖1 hm^{2}能收获龙须菜70 t，同时从水中去除2 200 kg的氮和300 kg的磷。但这些研究只是利用单一清洁生物对鱼类网箱产生的溶解性营养物质进行吸收，而沉积物和颗粒物中的营养物质不能从环境中去除。

（二）季节互补性大型藻类网箱养殖区生境修复

氮是网箱养殖区的主要排泄物质，而大型藻类通常具有较高的氮吸收能力，是较好的生物修复品种。海带和龙须菜在生长上具有互补性。海带为低温种类，最适合的生长季节为11月到翌年5月；而龙须菜北方适合养殖季节为6月到10月，两者都具有较高的氮吸收能力。根据这一特性，可以利用海带和龙须菜对网箱养殖区进行常年修复。11月至翌年5月（冬季和春季）选择海带作为生物修复种，6~11月（夏季和秋季）选择龙须菜作为生物修复种类。

参考文献

杜琦，张皓.三都湾网箱鱼类养殖容量的估算［J］.渔业研究，2010（4）：1-6.

范成新，张路，王建军，等.湖泊底泥疏浚对内源释放影响的过程与机制［J］.科学通报，2004，49（15）：1 523-1 528.

方建光，匡世焕，孙慧玲，等.桑沟湾栉孔扇贝养殖容量的研究［J］.海洋水产研究，1996a，17（2）：18-31.

方建光，孙慧玲，匡世焕，等.桑沟湾海带养殖容量的研究［J］.海洋水产研究，1996b，17（2）：7-16.

高爱根，陈全震，胡锡钢，等.象山港网箱养鱼区大型底栖生物生态特征［J］.海洋学报（中文版），2005（4）：108-113.

葛长字，方建光，关长涛，等.海水网箱养殖的关键生物过程研究：花鲈生理代谢［J］.海洋水产研究，2007，28（2）：45-50.

黄洪辉，林钦，贾小平，等.海水鱼类网箱养殖场有机污染季节动态与养殖容量限制关系［J］.集美大学学报（自然科学版），2003，8（2）：101-105.

黄小平，温伟英.上川岛公湾海域环境对其网箱养殖容量限制的研究［J］.热带海洋，1998，17（4）：57-64.

孔力兵，肖俊军，雷建军，等.广西合浦水库网箱养殖容量研究［J］.南方农业学报，2012，43（3）：393-396.

宁修仁，胡锡钢.象山港养殖生态和网箱养鱼的养殖容量研究［M］.北京：海洋出版社，2002.

彭建华, 刘家寿, 熊邦喜. 水体对网箱养鳜的承载力 [J]. 生态学报, 2004, 24 (1): 28–34.

舒廷飞, 温琰茂, 杨静, 等. 哑铃湾网箱养殖完全成本模型研究 [J]. 同济大学学报 (自然科学版), 2005, 33 (1): 72–77.

汤坤贤, 游秀萍, 林亚森, 等. 龙须菜对富营养化海水的生物修复 [J]. 生态学报, 2005, 25 (11): 3 044–3 051.

唐启升, 韩冬, 毛玉泽, 等. 中国水产养殖种类组成、不投饵率和营养级 [J]. 中国水产科学, 2016 (04): 729–758.

唐启升. 关于容纳量的研究 [J]. 海洋水产研究, 1996, 17 (2): 1–5.

谢巧雄, 姚俊杰, 周路, 等. 龙滩水库八达村库湾水质变化及网箱养鱼容纳量 [J]. 贵州农业科学, 2014, 42 (1): 159–162.

杨红生, 张福绥. 浅海筏式养殖系统贝类养殖容量研究进展 [J]. 水产学报, 1999, 23 (1): 84–90.

张益峰, 王大鹏, 雷建军, 等. 广西大化岩滩库区网箱养殖容量分析 [J]. 南方农业学报, 2012, 43 (11): 1 775–1 778.

阿保勝之, 横山寿. 三次モデル堆积物酸素消费速度基养殖環境基準検証养殖許容量推定試み [J]. 水産海洋研究, 2003, 67 (2): 99–110.

横山壽, 西村昭史, 井上美佐. 熊野灘沿岸の魚類養殖場におけるマクロベントス群集と堆積物に及ぼす養殖活動と地形の影響 [J]. 水産海洋研究, 2002b, 66 (3): 133–141.

横山壽, 西村昭史, 井上美佐. マクロベントスの群集型を用いた魚類養殖場環境の評価 [J]. 水産海洋研究, 2002a, 66 (3): 142–147.

小林信三. 喷火湾のうにとその養殖容許量調査報告書 [M]. 北海道: 北海道水産資源機術開発協會, 1978.

David G S, Carvalho E D, Lemos D, et al. Ecological carrying capacity for intensive tilapia (*Oreochromis niloticus*) cage aquaculture in a large hydroelectrical reservoir in Southeastern Brazil [J]. Aquacultural Engineering,

2015, 66: 30–40.

Lee J H W, Choi K W，Arega F. Environmental management of marine fish culture in Hong Kong［J］. Marine Pollution Bulletin. 2003, 47: 202–210.

Middleton J F, Doubell M. Carrying capacity for finfish aquaculture. Part I—Near-field semi-analytic solutions［J］. Aquacultural Engineering, 2014, 62（5）: 54–65.

Middleton J F, Luick J, James C. Carrying capacity for finfish aquaculture, Part II—Rapid assessment using hydrodynamic and semi-analytic solutions［J］. Aquacultural Engineering, 2014, 62（5）: 66–78.

Stigebrandt A, Aure J, Ervik A, et al. Regulating the local environmental impact of intensive marine fish farming: III. A model for estimation of the holding capacity in the Modelling—Ongrowing fish farm—Monitoring system［J］. Aquaculture, 2004, 234（1–4）: 239–261.

Troell M, Joyce A, Chopin T, et al. Ecological engineering in aquaculture—Potential for integrated multi-trophic aquaculture（IMTA）in marine offshore systems［J］. Aquaculture, 2009, 297（1–4）: 1–9.

Zhou Y, Yang H, Hu H, et al. Bioremediation potential of the macroalga *Gracilaria lemaneiformis*（Rhodophyta）integrated into fed fish culture in coastal waters of north China. Aquaculture, 2006, 252（2–4）: 264–276.

毛玉泽

第五节　多营养层次综合养殖系统养殖容量评估

一、IMTA养殖容量评估研究现状

鱼、虾、贝、藻类等的单一养殖水域一般随养殖密度或规模的扩大、养殖场使用时间的延长，有两类变化趋势。一是养殖产生大量营养盐、粪便或残饵等生物沉积，水体DO浓度下降等；如投饵型鱼类养殖过程中，随鱼类放养密度的增加或养殖场使用时间的延长，鱼类排泄的营养盐、排出的粪便、未食用的残饵等，使营养盐浓度增加，而鱼类呼吸、粪便和残饵等POM的降解消耗大量DO而使水体中DO浓度下降。二是养殖消耗大量的营养盐或POM；如海带等藻类养殖规模或密度超出水域的养殖容量，由于藻类的同化吸收而消耗大量营养盐；蛤仔等滤食性贝类养殖过程中，以浮游植物为主要成分的POM的浓度与贝类养殖密度的关系复杂，但一般可认为随养殖密度的增加，水域POM的供应不足。不同于单一养殖，IMTA设计的初衷是利用生物间的互补性，以一定比例合理搭配养殖生物，使具有某类功能的养殖生物能利用另一功能养殖生物的代谢产物，进而实现养殖系统内物质充分利用的目的。因此，IMTA在设计之初就有一个或几个主要养殖品种（Silva等，2012）。例如，在投饵型鱼类网箱–大型藻类–碎屑食性鱼类的IMTA模式中，网箱养殖鱼类为目标养殖生物，而大型藻类和食碎屑的鱼类往往是辅助养殖品种，大型藻类主要用于吸收利用营养盐，碎屑食性鱼类主要用于清除残饵、粪便等。IMTA模式下的养殖容量的评价也仅对IMTA系统中的一种或几种养殖生物进行。此外，IMTA源于中国，其更多的生产实践在中国开展，IMTA养殖容量评价也多在中国水域开展。

IMTA养殖容量评价的方法无外乎物理模型法和数值模型法，限制养殖容量的因素也是影响养殖生物生理特性、水域环境规划要求、水域生态安全等的生态因子。

　　所谓的物理模型评估养殖容量，就是将设计的IMTA系统微缩于池塘或围隔中，监测养殖生物的特性、水域的环境因子等而评估养殖容量。为降低凡纳滨对虾（*Penaeus vannamei*）养殖的自身污染，胡振雄等（2013）构建了包含凡纳滨对虾、金钱鱼（*Scatophagus argus*）、蕹菜（*Ipomoea aquatica*）的IMTA实验系统，并在5 m×3 m×1.2 m的室外水池中进行为期8周的实验，不同实验水池中的凡纳滨对虾和蕹菜的初始生物量相同，而金钱鱼的规格、密度不同，并以凡纳滨对虾和金钱鱼的总产量最大化、系统对氮/磷的利用率最大化为判断标准，评估了金钱鱼的养殖容量。为改变凡纳滨对虾单一养殖池塘的生物结构单一，饲料利用率低，大量有机质在池塘中累积而致养殖环境恶化和传染性疾病大规模暴发等的情形，虞为等（2015）构建了包含凡纳滨对虾、罗非鱼（*Oreochromis mossambicus*）的IMTA实验系统，并在深1.7 m，面积为36 m² 的围隔中进行持续70 d的实验，实验中各个围隔的凡纳滨对虾的初始生物量一致，而罗非鱼的放养密度不同。根据沉积物综合污染指数 $A = \dfrac{C_N}{C_{Ns}} \times \dfrac{C_p}{C_{Ps}} \times \dfrac{C_S}{C_{Ss}}$ ［C_N、C_p 和 C_S 分别是沉积物中氮、磷和硫的含量（mg/g），C_{Ns}、C_{Ps} 和 C_{Ss} 分别是满足环境要求的沉积物中的氮、磷和硫的含量（mg/g）］，在凡纳滨对虾养殖密度为 8.3×10^5 ind/m² 时，放养规格 201 ± 25 g/ind的罗非鱼的密度为3 320 ind/hm² 时，围隔沉积物的 A 最小；罗非鱼放养密度小于3 320 ind/hm² 时，综合污染指数 A 随放养密度增加而降低；当罗非鱼放养密度大于3 320 ind/hm² 时，A 随放养密度增加而增加。因此，罗非鱼的养殖容量为3 320 ind/hm²。物理模型是对生产的IMTA系统在空间尺度上的合理简化，直观测定环境指标。然而，实验周期和生产的IMTA系统的养殖周期间存在显著差异。

　　生态系统的能量和物质，通过不同的路径，按一定的转化效率，在不同营养层之间流动，不同营养层次的生物群落处于平衡状态。基于该原理，Ecopath模型这一数学模型假设生态系统由不同功能群构成，每个功能群的能量输出和输入保持平衡。在构建的营养质量平衡的系统内，如果大幅度提高某一功能群的生物量，势必会对系统内食性联系紧密的种类产生影响，引起系统能流的变化，即功能群的生态营养效率发生变化。提高某种养殖生物的生物量直至使系统中另一功能群的生态效率（Ecological Efficieng，EE）>1，此时系统允许的生物量为生态养殖容量。依据这种原理，Xu等（2011）利用Ecopath with Ecosim模型软体构建了中国珠江三角洲红树–罗非鱼IMTA系统，并评价了罗非鱼的养殖容量。基于Ecopath模型评价养殖容量，一般不考虑水交换的影响，且生物的食性、营养级的确定存在困难。

将IMTA养殖系统的物质循环、能量流动等描述为一个方程组，即可构建模拟IMTA的生态动力学模型。这个方程组可包含描述水动力学、浮游植物生物量、浮游动物生物量、养殖生物生物量、DO、营养盐和POM等的几个方程。调整养殖生物的生物量初值，可模拟环境因素或养殖生物产量对不同情形养殖的响应（即不同的输出值），利用响应值与养殖生物生物量间的关系等可确定养殖容量。Nunes等（2003）针对中国桑沟湾以贝类、藻类为主体的IMTA系统，构建了一个包括浮游植物生物量、DIN、悬浮颗粒物、扇贝和牡蛎生物量的箱式模型，模型中桑沟湾的水动力学性质简化为桑沟湾的水交换周期，在海带养殖规模不变的前提下，调整牡蛎和扇贝的生物量，以最大输出产量确定扇贝、牡蛎的养殖容量。同样，针对桑沟湾，Ge等（2008）建立了一个包含浮游植物生物量、营养盐浓度变化的箱式模型，并考虑水交换、营养盐在沉积物–水界面的扩散迁移；在模拟过程中，桑沟湾海带的养殖规模保持不变，以浮游植物生物量8.2 mg/m³为满足滤食性贝类正常生长的最低值，不断调整栉孔扇贝和长牡蛎（*Magallana gigas*）的生物量初值，得到栉孔扇贝和长牡蛎养殖容量之间的关系为$k=-0.276\ 5y+4.690\ 5$，k和y分别是现有栉孔扇贝和长牡蛎养殖规模的扩大倍数。史洁等（2010）则将桑沟湾贝–藻为主体的IMTA系统描述为一个包含水动力学特征的，模拟海带、浮游植物、无机氮和悬浮颗粒物的生态动力学模型；模拟过程中桑沟湾的贝类养殖规模和实际生产情况相同，改变海带养殖密度的初值等，以海带的最大输出产量为依据决定海带的养殖容量。这类数学模型方法的可信度取决于所构建的生态动力学模型预测环境因素或养殖生物产量对不同情形养殖的响应的准确性。此外，模型的建立、运行也需要大量的参数。

二、IMTA养殖容量评估的一般程序

参考上述章节中贝类、藻类和鱼类养殖容量的评估方法、IMTA养殖容量评估现状，IMTA养殖容量评估因其自身结构特点而有特殊之处，其评估一般包含以下的内容。

评估目标养殖生物的确定：不同于单一养殖系统，IMTA在设计之初就包含两种以上的养殖生物，某些为主要品种，某些为辅助品种。IMTA养殖容量评估时，首先确定目标评估对象，这一般需根据水域规划、养殖场的预期利润等决定。

限制性环境因子的确定：确定评价目标生物后，据其生理特征，确定限制该生物养殖容量的关键因子。在鱼类、藻类构成的IMTA系统中，如鱼类为投饵养殖的且为目标品种，限制鱼类养殖容量的关键因子是营养盐浓度。在藻类、滤食性贝类构成的IMTA系统中，如贝类为目标品种，限制贝类生长、存活的关键因子是浮游植物生物量。不同生物对环境因子的耐受性不同或水质标准不同，据生物生理耐受性或水域环境标准，确定限制性因子的阈值。

养殖容量评估方法的确定：据水域的封闭程度、限制性因子、养殖周期等，确定IMTA养殖容量评估的方法。如养殖水域封闭，受水流影响较小，且能确定各养殖生物的食物来源，可选择Ecopath模型进行IMTA养殖容量评估。如确定的限制性因子是水体营养盐浓度等、沉积物中营养盐或其他物质的含量等，且养殖周期较短，可选择物理模型法评估IMTA养殖容量，这是因为水体营养盐、沉积物中物质含量等可对养殖行为做出较快的响应，物理模型和IMTA在时间尺度上的差异可以忽略。如养殖周期较长，选择的环境因子是浮游植物生物量等，建议用数值模拟的方法，因浮游植物生物量变化对养殖活动的响应存在时滞。数值模拟中，依据实验或文献确定描述养殖系统生态过程的方程的各参数。

三、IMTA养殖容量评估实例分析

（一）桑沟湾IMTA养殖容量评估方案决策

桑沟湾位于中国山东半岛东部，东连黄海，面积约133 km²，平均水深7.5 m；主要养殖栉孔扇贝，长牡蛎和海带等。在2000年左右，海带市场需求平稳，栉孔扇贝和长牡蛎等具更大经济价值贝类的需求持续增长。因此，认为桑沟湾海带养殖应保持现有水平，挖掘贝类的养殖潜能，即需评估栉孔扇贝和长牡蛎的养殖容量。

浓度小于900 mg/m³的POM会因供饵力不足而限制滤食性贝类的正常生长（杨红生，1998），桑沟湾浮游植物占POM的比例为0.91%～8.0%（匡世焕等，1996）。因此，在桑沟湾滤食性贝类正常生长所需的浮游植物的最低生物量为8.2 mg/m³。

桑沟湾接纳陆源排水并和黄海进行水交换，栉孔扇贝、长牡蛎的养成一般需2年，且限制贝类养殖容量的环境因子是浮游植物生物量。因此，使用数值模拟的方法评估该IMTA系统中贝类的养殖容量。

（二）桑沟湾IMTA养殖容量评估实施

依据桑沟湾水域特征，将其简化为图1-5所示的IMTA模式，其中，海带养殖规模不变。

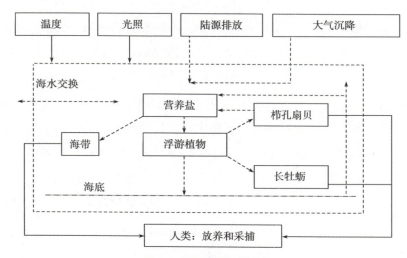

图1-5　桑沟湾IMTA模式图

依据N-P-Z模型，建立表1-18所示的生态动力学模型，该模型考虑营养盐（N）和浮游植物（P）的变动，似乎未考虑浮游动物（Z），它仍属于N-P-Z模型，因浮游动物的作用被栉孔扇贝、长牡蛎取代。基于参考文献和现场调查，获取方程的各个参数（表1-19），桑沟湾内外DIN的浓度差ΔDIN由现场测定确定，水交换周期T_{ex}依据赵俊等（1996）的结果确定。

表1-18　桑沟湾IMTA生态动力学模型

方程	注释
$\frac{dP}{dt}=B_1-B_2-B_3-B_4-B_5-B_6-B_7$	浮游植物生物量变动方程
$B_1=v_1(T)\cdot\mu_1(DIP, DIN)\cdot\mu_2(I)\cdot P$	浮游植物光合作用增殖
$v_1(T)=\alpha_1\exp(\beta_1\cdot T)$	温度对光合作用的作用
$\mu_1(DIP, DIN)=\min(DIN(K_N+DIN)^{-1}, DIP(K_P+DIP)^{-1})$	营养盐对光合作用的影响
$\mu_2(I)=I(I_{opt})^{-1}\exp(1-I(I_{opt})^{-1})$	光照对光合作用的影响
$I=Ls\cdot P_{light}/\{k_e\cdot D_{eplh}\cdot[1-\exp(-k_e\cdot D_{eplh})]\}$	光合作用的有效辐照
$B_2=0.135\exp[-0.00201(C_{Chl}:C_P)\cdot P]\cdot B_1$	浮游植物胞外分泌
$B_3=v_3(T)\cdot P$	浮游植物呼吸作用
$v_3(T)=\alpha_2\exp(\beta_2 T)$	温度对呼吸作用的影响
$B_4=v_4(T)\cdot P$	浮游植物死亡率
$v_4(T)=\alpha_3\exp(\beta_3 T)$	温度对浮游植物死亡率的影响
$B_5=w_P P(D_{epth})^{-1}$	浮游植物沉降
$B_6=S_{den}\cdot F_{sc}\cdot P$	栉孔扇贝对浮游植物的摄食
$B_7=Oy_{den}\cdot F_{Oy}\cdot P$	长牡蛎对浮游植物的摄食
$\frac{dDIN}{dt}=(N_m:C_m)(N:C_P)(-B_1+B_3)+B_8+B_9+B_{10}+B_{11}+B_{12}-B_{13}-Q_{DIN}$	DIN浓度变动方程
$B_8=0.14$	大气DIN沉降

续表

方程	注释
$B_9 = C_{rivern} \cdot Q / (D_{eplh} \cdot A_{rea})$	陆源排污对DIN的贡献
$B_{10} = F_{seddin} \cdot \exp(k_{seddin} \cdot T_b) / D_{epth}$	沉积物对DIN的贡献
$T_b = k_T \cdot T$	沉积物温度
$B_{11} = S_{den} \cdot E_{sc}$	栉孔扇贝排泄DIN
$B_{12} = Oy_{den} \cdot E_{Oy}$	长牡蛎排泄DIN
$B_{13} = S_{kelp} \cdot A_{bkelpN}$	海带吸收DIN
$Q_{DIN} = \Delta DIN / T_{ex}$	桑沟湾内外交换影响的DIN；ΔDIN为桑沟湾内外DIN的浓度差
T_{ex}	桑沟湾水交换周期

注：P，浮游植物生物量（mg/m^3）；DIN，溶解态无机氮浓度（mg/m^3）；DIP，溶解态无机磷浓度（mg/m^3）。

表1-19　桑沟湾IMTA生态动力学模型参数定义及其取值

参数	参数含义	取值	取值依据
α_1	0℃浮游植物生长率	0.893/d	Eppley，1972
β_1	浮游植物生长的温度系数	0.063/℃	Eppley，1972
K_N	DIN 吸收的半饱和常数	14 mg/m³	Franks和Chen，1996
K_e	光在水中的衰减系数	0.8/m	武晋宣，2005
I_{opt}	浮游植物光合作用最适光强	96.0 w/m²	俞光耀等，1999
P_{light}	海-气界面的透光率	0.6	武晋宣，2005
$C_{Chl}：C_P$	叶绿素和浮游植物碳含量之比	1/40	方建光等，1996b
α_2	0℃时浮游植物的呼吸率	0.025/d	吴增茂等，2001
β_2	浮游植物呼吸的温度系数	0.051/℃	吴增茂等，2001
α_3	0℃时浮游植物死亡率	0.004 9/d	吴增茂等，2001
β_3	浮游植物死亡的温度系数	0.065/℃	吴增茂等，2001
w_P	浮游植物沉降速度	0.173 m/d	武晋宣，2005

续表

参数	参数含义	取值	取值依据
$N_m : C_m$	氮和碳的原子比	14：12	/
$N : C_P$	浮游植物氮和碳的原子比	（16/106）	吴增茂等，2001
C_{rivern}	陆源排放DIN浓度	1.7 mg/m^3	方建光等，1996a
Q	陆源排放流量	20 000/（m$^3\cdot$d）	方建光等，1996a
A_{rea}	桑沟湾水域面积	133 km^2	方建光等，1996a
D_{epth}	桑沟湾平均水深	8.0 m	武晋宣，2005
F_{seddin}	桑沟湾沉积物–水界面DIN扩散通量	19.18 mg/m^2	武晋宣，2005
k_{seddin}	沉积物–水界面DIN扩散的温度系数	0.04/℃	吴增茂等，2001
k_T	水温和海底沉积物温度的转化系数	0.8～1.0	吴增茂等，2001
A_{bkelpn}	海带DIN 吸收速度	0.022 7 mg/（g·d）	方建光等，1996a
E_{Sc}	栉孔扇贝DIN排放速度		依据桑沟湾养殖的长牡蛎、栉孔扇贝的规格结构，确定长牡蛎和栉孔扇贝DIN排泄和滤水率的加权平均速度，权重为不同规格贝类的比例；滤水率和排泄率参考方建光等（1996b）、匡世焕等（1996）和Mao等（2006）确定
E_{Oy}	长牡蛎DIN排放速度		
F_{Sc}	栉孔扇贝滤水率		
F_{Oy}	长牡蛎的滤水率		
S_{den}	栉孔扇贝养殖密度		模型验证中，其数值参考方建光等（1996b）；除此之外，调整该值以获得浮游植物生物量对贝类养殖密度的响应
Oy_{den}	长牡蛎养殖密度		

　　参考方建光等（1996b）、孙耀等（1996）和宋云利等（1996）在桑沟湾调查的结果，以1994年1月20日测定的浮游植物生物量和DIN浓度为初值，海带和贝类的养殖规模参考方建光等（1996a，b）和朱明远等

（2002），运行上述生态动力学模型，模型的首日为1994年1月20日。模型运行400 d，以方建光等（1996b）、宋云利等（1996）在桑沟湾测定的结果加以验证（图1-6）。模型预测的浮游植物生物量和DIN浓度的相对误差分别是14.05%和−11.30%，模型所预测的浮游植物峰值出现的时间和观测结果一致，即基本达到模型预测的要求。

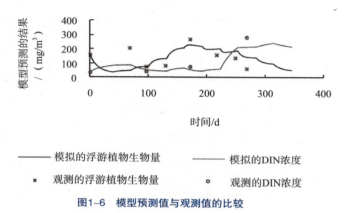

图1-6　模型预测值与观测值的比较

为减少初值对预测结果的影响，参考赵亮等（2002）的方法，以表1-20所示的9组浮游植物生物量、DIN浓度为初值，首日为1994年1月20日，运行上述模型345 d（至12月31日）。模型运行中，海带和贝类的养殖规模参考方建光等（1996a，b）和朱明远等（2002），以第345天的9个模型模拟的浮游植物生物量、DIN浓度的均值为初值，进行浮游植物等对不同养殖密度的栉孔扇贝、长牡蛎的响应的预测。同样，模型运行中海带的养殖规模保持不变，改变的是长牡蛎和栉孔扇贝的养殖规模。

表1-20　消除初值作用的9个模型的浮游植物生物量和DIN的初值

模型	初值			
	浮游植物生物量/（mg/m³）		DIN/（mg/m³）	
1	164.80	–	39.36	–
2	164.80	–	59.04	+50%
3	164.80	–	19.68	−50%

续表

模型	初值		
	浮游植物生物量/（mg/m³）		DIN/（mg/m³）
4	247.20	+50%	39.36	–
5	247.20	+50%	59.04	+50%
6	247.20	+50%	19.68	–50%
5	82.40	–50%	39.36	–
8	82.40	–50%	59.04	+50%
9	82.40	–50%	19.68	–50%

注：–表示没有改变。

模拟的浮游植物的生物量等于8.2 mg/m³时，所对应长牡蛎和栉孔扇贝的养殖规模即为栉孔扇贝和长牡蛎的养殖容量，两者之间为关系为k=−0.276 5y+4.690 5（R^2=0.999 9，n=4），其中，k和y分别是栉孔扇贝和长牡蛎现有规模的扩大倍数，而栉孔扇贝和长牡蛎养殖规模的基数分别是2.0×10^9 ind和3.9×10^7 ind。在海带养殖规模不变的情况下（海带养殖面积为3.3×10^7 m²，养殖密度为12 ind/m²），保证现有长牡蛎养殖规模（y=1；长牡蛎的存量为3.9×10^7 ind，养殖密度为59 ind/m²），栉孔扇贝的养殖规模可为现有规模的4.4倍，总量达到8.8×10^9 ind（假设桑沟湾75%的水域可用于养殖栉孔扇贝，折算为以密度计算的养殖容量为89 ind/m²）。本方法计算的养殖容量比方建光等（1996b）估算的养殖容量少18%，其主要原因是本方法决定贝类养殖容量的浮游植物生物量的最低值为8.2 mg/m³，而方建光等（1996b）假设浮游植物全部被贝类摄食干净，即本方法估算的是生态养殖容量而方建光等（1996b）估算的是产量养殖容量。

参考文献

方建光，孙慧玲，匡世焕，等.桑沟湾海带养殖容量的研究［J］.海洋水产研究，1996a，17（2）：7–17.

方建光，匡世焕，孙慧玲，等.桑沟湾栉孔扇贝养殖容量的研究［J］.海洋水产研究，1996b，17（2）：19–32.

葛长字，方建光.夏季海水养殖区大型网箱内外沉降颗粒物通量［J］.中国环境科学，2006，26（Suppl.）：106–109.

葛长字.浅海网箱养殖自身污染营养盐主要来源［J］.吉首大学学报，2009，30（5）：82–86.

葛长字，张帆.菲律宾蛤仔*Ruditapes philippinarum*底播区沉积物中有机物的积聚通量及环境指示意义［J］.应用基础与工程科学学报，2013，21（6）：1 037–1 045.

胡振雄，何学军，刘利平.对虾–金钱鱼–蕹菜综合养殖的产出效果和氮磷利用的研究［J］.上海海洋大学学报，2013，22（5）：713–719.

金刚，李钟杰，谢平.草型湖泊河蟹养殖容量初探［J］.水生生物学报，2003，27（4）：345–351.

匡世焕，孙慧玲，李锋，等.野生和养殖牡蛎种群的比较摄食生理研究［J］.海洋水产研究，1996，17（2）：87–94.

李娟，葛长字，毛玉泽，等.沉积环境对鱼类网箱养殖的响应［J］.海洋渔业，2010，32（4）：461–465.

史洁，魏皓，赵亮，等.桑沟湾多元养殖生态模型研究：Ⅲ海带养殖容量的数值模拟［J］.渔业科学进展，2010，31（4）：43–52.

宋云利，崔毅，孙耀，等.桑沟湾养殖海域营养状况及其影响因素分析［J］.海洋水产研究，1996，17（2）：41–51.

孙耀，宋云利，崔毅，等.桑沟湾养殖水域的初级生产力及其影响因素的研究［J］.海洋水产研究，1996，17（2）：32–40.

唐启升.关于容纳量的研究［J］.海洋水产研究，1996，17（2）：1–5.

武晋宣.桑沟湾养殖海域氮/磷收支及环境容量模型［D］.青岛：中国海洋大学，2005.

吴增茂，翟雪梅，张志南，等.胶州湾北部水层–底栖耦合生态系统的动力数值模拟分析［J］.海洋与湖沼，2001，32（6）：588–597.

杨红生.浅海筏式养殖系统养殖容量与优化技术的基础研究［D］.青岛：中国科学院海洋研究所，1998.

俞光耀，吴增茂，张志南，等.胶州湾北部水层生态动力学模型与模拟：I.胶州湾北部水层生态动力学模型［J］.青岛海洋大学学报，1999，29（3）：421–428.

虞为，李卓佳，林黑着，等.对虾养殖池塘混养罗非鱼对底质有机负荷的作用［J］.中国渔业质量与标准，2015，5（3）：8–12.

张继红，方建光，王诗欢.大连獐子岛海域虾夷扇贝养殖容量［J］.水产学报，2008，32（2）：236–241.

赵俊，周诗赉，孙耀，等.桑沟湾增养殖水文环境研究［J］.海洋水产研究，1996，17（2）：68–79.

赵亮，魏皓，冯士筰.渤海氮磷营养盐的循环和收支［J］.环境科学，2002，23（1）：78–81

朱明远，张学雷，汤庭耀，等.应用生态模型研究近海贝类养殖的可持续发展［J］.海洋科学进展，2002，20（4）：34–42.

阿保勝之，横山壽.三次モデル堆積物酸素消費速度基養殖環境基準検証養殖許容量推定試み［J］.水産海洋研究，2003，67（2）：99–110.

横山壽，西村昭史，井上美佐.熊野灘沿岸の魚類養殖場におけるマクロベントス群集と堆積物に及ぼす養殖活動と地形の影響［J］.水産海洋研究，2002，66（3）：133–141.

Degefu F, Mengistu S, Schagerl M. Influence of fish cage farming on water quality and plankton in fish ponds: A case study in the Rift Valley and North Shoa reservoirs, Ethiopia［J］. Aquaculture, 2011, 316: 129–135.

Eppley R W. Temperature and phytoplankton growth in the sea［J］. Fishery Bulletin, 1972, 70（4）: 1 063–1 085.

Ferreira J G, Saurel C, Ferreira J M. Cultivation of gilthead bream in monoculture and integrated multi-trophic aquaculture. Analysis of production and environmental effects by means of the FARM model [J]. Aquaculture, 2012, 358–359: 23–24.

Filgueira R, Guyondet T, Bacher C, et al. Informing Marine Spatial Planning (MSP) with numerical modelling: A case-study on shellfish aquaculture in Malpeque Bay (Eastern Canada) [J]. Marine Pollution Bulletin, 2015, 100: 200–216.

Franks P J S, Chen C. Plankton production in tidal fronts: A model of Georges Bank in summer [J]. Journal of Marine Research, 1996, 54: 631–651.

Ge C, Fang J, Guan C, et al. Metabolism of marine net pen fouling organism community in summer [J]. Aquaculture Research, 2007, 38 (10): 1 106–1 109.

Ge C, Fang J, Song X, et al. Responses of phytoplankton to multispecies mariculture: a case study on the carrying capacity of shellfish in the Sanggou Bay in China [J]. Acta Oceanologica Sinica, 2008, 27 (1): 102–112.

Han D, Chen Y, Zhang C, et al. Evaluating impacts of intensive shellfish aquaculture on a semi–closed marine ecosystem [J]. Ecological Modelling, 2017, 359: 193–200.

Liu D, Behrens S, Pedersen L, et al. Peracetic acid is a suitable disinfectant for recirculating fish-microalgae integrated multi-trophic aquaculture systems [J]. Aquaculture Reports, 2016, 4: 136–142.

Mao Y, Zhou Y, Yang H, et al. Seasonal variation in metabolism of cultured Pacific oyster, *Crassostrea gigas*, in Sanggou Bay, China [J]. Aquaculture, 2006, 253: 322–333.

McKindsey C W, Thetmeyer H, Landry T, et al. Review of recent carrying capacity models for bivalve culture and recommendations for research and management [J]. Aquaculture, 2006, 261: 451–462.

Middleton J F, Luick J, James C. Carrying capacity for finfish aquaculture,

Part II-Rapid assessment using hydrodynamic and semi-analytic solutions〔J〕. Aquacultural Engineering, 2014, 62: 66–78.

Nunes J P, Ferreira J G, Gazeau F, et al. A model for sustainable management of shellfish polyculture in coastal bays〔J〕. Aquaculture, 2003, 219: 257–277.

Silva C, Yáñez E, Martín-Díaz M L, et al. Assessing a bioremediation strategy in a shallow coastal system affected by a fish farm culture-Application of GIS and shellfish dynamic models in the Rio San Pedro, SW Spain〔J〕. Marine Pollution Bulletin, 2012, 64: 751–765.

Wood D, Capuzzo E, Kirby D, et al. UK macroalgae aquaculture: What are the key environmental and licensing considerations?〔J〕. Marine Policy, 2017, 83: 29–39.

Xu S, Chen Z, Li C, Huang X, et al. Assessing the carrying capacity of tilapia in an intertidal mangrove-based polyculture system of Pearl River Delta, China〔J〕. Ecological Modelling, 2011, 222: 846–856.

葛长字

第二章
国内外多营养层次综合养殖发展历程

第一节　中国多营养层次综合养殖发展

　　中国是世界上开展综合水产养殖最早的国家。三国时期魏国（220—265）的《魏武四时食制》记载"郫县子鱼黄鳞赤尾（鲤鱼），出稻田，可以为酱"。这表明，此时就出现了稻田养鲤这一综合养殖的雏形。南宋《嘉泰志》（1201—1204）记载，"会稽、诸暨以南，大家多凿池养鱼为业。每春初，江洲有贩鱼苗者，买放池中，辄以万计"，"其间多鲢、鲢、鲤、鲩、青鱼而已"。这说明南宋时期，中国的鱼类综合养殖已经发展成为产业。清代屈大均在《广东新语》（约1700）中写道，"广州诸大县村落中，往往弃肥田以为基，以树果木，荔枝最多，茶、桑次"，"基下为池以畜鱼"，记载了果基鱼塘、桑基鱼塘等综合养殖的发展。

　　在中国，海水综合养殖源于20世纪70年代末，称为立体养殖、综合养殖、多元养殖等，当时主要方式为浅海海带养殖、贻贝间养，以及海水池塘的对虾和梭鱼（*Liza haematochelia*）混养。中国的海水IMTA发展历史较短，但发展迅速，在浅海的贝-藻、鱼-贝-藻、鱼-贝-藻-参等多营养层次综合养殖，池塘的虾-鱼-贝-蟹多营养层次综合养殖模式与技术，以及以上养殖系统中生源要素的生物、地球化学过程与传递途径、碳汇机制和碳汇扩增技术方面取得了举世瞩目的进展。IMTA具有以下特性。

一、非顶层获取的收获策略

IMTA是一种以贝、藻等低营养级生物为主的非顶层获取收获策略。研究表明，较低营养层次（营养级较低）的物种，生态转换效率相对较高；而较高营养层次（营养级较高）的物种，生态转换效率相对较低。这意味着营养级较低的物种具有更高的资源产出效率，生态系统的资源生物量也会相对增加。对于关注从生态系统中获得更多食物产出的中国需求而言，自然就会选择非顶层获取的收获策略，因为顶层获取的收获产出量相对较低；而这种养殖系统包含了较低营养层次的种类，其整体的产出效率相对较高。

二、贝藻养殖的碳汇功能

贝类等养殖动物滤食浮游植物、颗粒有机物，藻类进行光合作用而从水体中大量吸收碳元素。通过收获贝类和藻类等养殖生物，这些已经转化为生物产品的碳被移出水体，或被再利用或被储存，形成"可移出的碳汇"（张继红等，2005）。中国是世界上最大的贝类、藻类养殖国家，年产量超过1 000万吨。研究表明，1999—2008年间，平均每年约有379万吨碳被吸收利用，约120万吨碳通过收获被移出，明显增加了近海生态系统对大气中二氧化碳的吸收能力（Tang等，2011）。上述研究结果说明，以贝、藻为主体的多营养层次综合养殖能够更好地彰显水产养殖的生态服务功能，生物的碳汇作用得到了较好的发挥，是环境友好型水产养殖业代表性发展模式。

三、生态系统水平的养殖模式

IMTA模式是一种可持续发展的海水养殖理念，对于资源稳定、守恒的系统，营养物质的再循环是其中的一个重要过程。由不同营养级生物（如投饵类动物、滤食性贝类、大型藻类和沉积性食物动物等）组成的综合养殖系统能充分利用输入到养殖系统中的营养物质和能量，可以把营养损耗及潜在的经济损耗降低到最低，从而使系统具有较高的容纳量和经济产出。IMTA模式可平衡因经济动物养殖所带来的额外营养负荷，有利于实现养殖环境的自我修复，且通过沉积食性生物的养殖可有效地降低营养物的浓度，维持水体DO的量，降低养殖水体恶化的危险性，从而保证养殖活动安全有序。因此有必要在优化现有养殖技术的基础上开展IMTA，将具有互补、互利作用的养殖生物合理组合配置，达到减小或消除海水养殖对海洋环境造成的负面影响，提高水域的利用率、产品产出率和商品率的目的，从而提高整个水体的养殖容量，达到结构稳定、功能高效的目的。

四、基于生态系统水平的管理概念

生态系统管理指精心巧妙地利用生态学、经济学、社会学以及管理学原理，来长期经营管理生态系统的生产、恢复或维持生态系统的整体性和所期望的状态、用途、产品、价值和服务。生态系统管理的主要目的是通过调整生态系统物理、化学和生物过程，保障生态系统的生态完整性和功能的可持续性。基于生态系统水平的海水养殖，就是将海水养殖活动与生态可持续发展协调起来，综合考虑生态系统中的生物、非生物和人类之间的相互作用，从而实现不同社会目标之间的最佳平衡。

参考文献

董双林.中国综合水产养殖的生态学基础［M］.北京：科学出版社，2015.

刘红梅，齐占会，张继红，等.桑沟湾不同养殖模式下生态系统服务和价值评价［M］.青岛：中国海洋大学出版社，2014.

张继红，方建光，唐启升.中国浅海贝藻养殖对海洋碳循环的贡献［J］.地球科学进展，2005，20（3）：359-263.

de la Mave W K. Marine ecosystem-based management as a hierarchical control system［J］. Marine Policy, 2005, 29: 57-68.

Troell M, Halling C, Neori A, et al. Integrated mariculture: asking the right questions［J］. Aquaculture, 2003, 226: 69–90.

方建光

第二节　国外多营养层次综合养殖现状与进展

作为一种健康可持续发展的海水养殖理念，IMTA模式的研究目前已经在世界多个国家（中国、加拿大、智利、南非、挪威、美国、新西兰、韩国等）广泛实践，并取得了诸多的积极效果。

一、加拿大

2013年，加拿大海产品产量17.2万吨，总产值7.4亿美元，其中16%的产量及35%的产值来自养殖业。海水养殖主要种类包括有鳍鱼类（鲑鱼、鳟鱼、鳕鱼等）、贝类（牡蛎、扇贝和贻贝）以及海藻。其中，有鳍鱼是加拿大海水养殖的支柱产业。2013年加拿大有鳍鱼类的养殖产量为13.0万吨，占水产养殖总产量的75.5%；产值占水产养殖总产值的90.4%。大西洋鲑（*Salmo salar*）是最重要的养殖品种，2013年的产量为10.0万吨左右，占加拿大有鳍鱼类总产量的76.7%；产值占有鳍鱼类总产值的72.9%。不列颠哥伦比亚省、新布伦克省、纽芬兰省、爱德华王子岛省、新斯科舍省以及魁北克省是加拿大主要的海水养殖区域。加拿大贝类产量4.2万吨，总产值0.7亿美元；养殖种类以贻贝（*Mytilus edulis*）和牡蛎（*Crassostrea virginica*和*Magallana gigas*）为主，分别占贝类总产量的69.6%和30%。爱德华王子岛省是加拿大贻贝的主产区，每年产出2.3万吨，占贻贝总

69

产量的78.7%；其他产区如纽芬兰省、新斯科舍省分别有15.0%、3.6%的产出。除贻贝和牡蛎外，加拿大养殖贝类还包括花蛤、鸟蛤、虾夷扇贝（*Patinopecten yessoensis*）、海湾扇贝（*Argopecten irradians*）、象拔蚌以及圆蛤。

目前，IMTA在加拿大的东、西海岸都有了不同程度的发展。Chopin等在大西洋海畔的芬迪湾（Fundy Bay）开展的大西洋鲑、贻贝（*Mytilus edulis*）及两种海带（*Saccharina latissima*和*Alaria esculenta*）的综合养殖研究结果表明，同单养相比，综合养殖区的海带生长速率增加了46%（Chopin T等，2004），贻贝增加了50%（Lander T等，2004）。从IMTA养殖水域采集到的海带和贻贝样本中未检出用于大西洋鲑养殖的药品残留。此外，重金属、砷、多氯联苯和农药的水平达到加拿大食品检验局、美国食品和药物管理局以及欧洲共同体的规定要求。IMTA养殖水域达到市场规格的贻贝的口味与传统养殖的产品没有明显差异（Lander等，2004）。由鞭毛藻（*Alexandrium fundyense*）产生的麻痹性贝类毒素（PSP）在贝类中累积。PSP导致的中毒在芬迪湾每年都会发生。贻贝体内这些毒素的累积在夏季或早秋季节可能会超过限量标准。但在IMTA养殖水域内，在鞭毛藻藻华消失之前，贻贝中的PSP浓度已经开始下降，且在养殖水域内，由硅藻——伪柔弱拟菱形藻（*Pseudo-nitzschia pseudodelicatissima*）释放的多莫酸（Domoic Acid，DA）从未超过限量标准。所有结果都表明，通过科学的监测和管理，IMTA模式生产的贻贝和海藻可以达到食用级别的安全标准（Haya K等，2004）。

此外，研究人员对于大西洋鲑养殖，特别是IMTA系统养殖的大西洋鲑进行了两类满意度的调查（Ridler N等，2007）。第一类调查表明，一般公众对目前的单品种养殖的方法的评价更低，并认为IMTA将会取得成功。第二类调查结果表明，大多数参与者认为IMTA有可能减少大西洋鲑养殖的环境影响（占65%），改善水产养殖排污管理（占100%），改善社区经济（占96%）和就业机会（占91%），并且改善粮食生产（占100%），行业竞争力（占96%）和总体可持续性（占73%）。所有人都认为，IMTA系统中生产的海产品可以安全食用；如果贴上标签，50%的人愿意为这些产品多支付10%费用，这为开发具有环境标识或有机认证的优质差异化IMTA产品的市场开辟了途径。

近年来，为了加速IMTA的产业化发展，加拿大科学和工程研究委员会（NSERC）专门成立了一个IMTA研究网络（the Canadian Integrated Multi-Trophic Aquaculture Network，CIMTAN），并设计了专属IMTA标识，该网络联合了包括1处省级实验室、6处加拿大联邦海洋渔业局分支机构、8所知名大学以及26位专家级科学家的参与，主要致力于IMTA系统关键过程和机理、技术创新、效益分析、产业化推广、疾病传播、产品质量安全等方面的研究，体现了政府及科研界对IMTA研究的重视程度。

二、智利

智利的海水养殖量自2005年始终位居世界第六位或第七位，海产品产量一直占据智利水产品总量的98.5%以上，成为南美第一大海水养殖大国。统计数据显示，智利海水养殖业自20世纪80年代中期发展迅速，海水养殖产量增加明显，自1997年的1.3万吨增加到2013年的100.1万吨，年均增长率高达18.18%，占全国海水水产总量的比重也从1987年的0.26%增至2013年的30.43%。2013年，智利共生产73.62万吨鱼类，25.25万吨贝类和1.25万吨海藻，产值分别为49.67亿美元、2.27亿美元和0.23亿美元。智利的3种最重要的经济鲑科鱼类是大西洋鲑，银大麻哈鱼（*Oncorhynchus kisutch*）和虹鳟。智利的大西洋鲑99%的产量来自养殖，自2000年起该鱼养殖产量稳居世界第二位，仅次于挪威。智利和挪威两国大西洋鲑养殖总产量保持在世界养殖总产量的60%以上。2013年，大西洋鲑的养殖产量达到历史最高值47.03万吨。除了鲑科鱼类的养殖，贻贝（*Mytilus chilensis*和*Choromytilus chorus*）、扇贝（*Argopecten purpuratus*）和牡蛎（*Tiostrea chilensis*和*Magallana gigas*）的单一品种养殖也比较常见（Buschmann A H等，1996）。智利江蓠（*Gracilaria chilensis*）是唯一进行商业化养殖的大型藻类（Buschmann A H等，2005；Buschmann A H等，2006）。

IMTA在智利的发展始于20世纪80年代末，但规模仍然比较有限。最先开始的IMTA尝试是基于陆基的鱼-贝-藻综合养殖。利用泵取的海水进行陆基虹鳟鱼的集约化养殖，然后将养鱼的外排水用于长牡蛎和智利江蓠的养殖，这套系统的成功运行表明IMTA是开发可持续水产养殖的一种有效方法。另外一种IMTA模式是智利江蓠和大西洋鲑的综合养殖（Troell M等，2006）。结果表明，靠近大西洋鲑网箱且悬浮养殖的江蓠生物量增加了30%，夏季日均生长率达到了4%，且提取的琼脂质量也较高（Buschmann A H等，2005）。延绳培植装置证明是对营养物去除最有效率的技术，每米长度每月去除高达9.3 g氮，100 hm²的智利江蓠延绳养殖系统将有效地减少一个1 500 t规模的大西洋鲑养殖场产生的氮输入。此外，为减轻大西洋鲑养殖产生的残饵和粪便对沉积环境的压力，智利海水养殖企业在大西洋鲑养殖网箱下面开展虾蟹类养殖，这一创新的实践技术不仅符合生态养殖原理，也为大西洋鲑养殖者提供了额外的经济收入。

近年来，随着智利鲍养殖业的发展，对作为饲料来源的大型藻类自然资源带来了额外的压力。已有中等规模（4~5 hm²）的农场已经在尝试养殖巨藻（*Macrocystis pyrifera*），并取得了非常好的养殖效果，证实了开展大型藻类养殖在技术上和经济上的可行性。将大西洋鲑（大型藻类的营养物质来源）、大型藻类（鲍的食物来源）、鲍（饵料和能量的最终获得者）进行综合养殖是一个非常有潜力的IMTA系统。

三、南非

南非是南半球5个主要渔业国之一，海洋渔业在该国的渔业中占绝对主导地位，其产量（包括海水养殖）占渔业总产量的99%以上。近十几年以来，南非政府实施了严格的捕捞配额管理，同时大力发展海水养殖产业。南非的商业化海水养殖始于20世纪40年代末的牡蛎养殖。随着水产养殖业的发展，养殖种类逐渐丰富，经历了80年代的贻贝、90年代的鲍以及2000年以后的海水鱼养殖发展历程。南非海水养殖的主要开发种类有16种，包括海水鱼、鲍、牡蛎、贻贝、海藻、海胆、扇贝、海参等。

其中，达到商业化规模生产的种类有7种，包括日本黄姑鱼（*Argyrosomus japonicus*）、中间鲍（*Haliotis midae*）、长牡蛎、贻贝（*Mytilus edulis*）、黑贻贝（*Choromytilus meridionalis*）、石莼（*Ulva* spp.）和江蓠（*Gracilaria* spp.），其中石莼和江蓠是养殖副产品，仅作为鲍养殖的饲料。贝类是南非的主要养殖种类。2013年南非生产贝类2 205吨，以鲍和扇贝为主，产值为4 479.6万美元。

鲍是南非海水养殖的主要品种。自20世纪90年代，南非开始陆基鲍养殖，经过20多年的发展，形成了以中间鲍、石莼和江蓠为主要养殖对象的陆基循环水养殖系统。目前，南非国内有大约13个这种类型的养殖系统，每年生产超过850 t的产品。IMTA系统中约25%的海水被循环利用；养殖19个月后，鲍的生长速度及健康状况与传统流水养殖系统中的个体不存在显著差异，表明这种陆基鲍–藻综合养殖系统的生产效率明显高于传统流水养殖系统。此外，藻类可以吸收海水中的氨氮并释放氧气，鲍养殖排放废水通过海藻池塘的净化后部分地再循环回到鲍养殖池，可以降低循环水成本。目前的一些新的实践结果表明，一些养殖场可以进行50%水量的再循环并正常生产，甚至可以在较短时间内进行高达100%水量的再循环。由于南非海岸偶尔会发生赤潮，并且一些沿海地区油船的通行非常频繁，存在漏油的潜在风险，IMTA循环水养殖模式能够有效规避赤潮或油污染对鲍养殖用水的影响，养殖风险大大降低。另外，在南非，由失业率和贫困程度带来的社会经济压力迫使南非政府需要创造更多的就业机会（Troell M 等，2006）。水产养殖行业的进一步扩张和其创造的直接和间接工作岗位（包括偏远的内陆社区）非常有吸引力。因此，政府、养殖行业和一般社会群体对于海带–鲍综合养殖模式的支持力度很大。

四、挪威、瑞典和芬兰

北欧的挪威、瑞典和芬兰的水产养殖主要集中在鲑鱼和贻贝的单品种养殖，尚未开展商业化规模的藻类养殖。挪威是欧洲大西洋鲑养殖业的引领者，占该地区大西洋鲑养殖总产量的71%。挪威水产养殖业生产大量大西洋鲑和虹鳟以及少量的鳕鱼、比目鱼、鳗鱼和贝类——贻贝、牡蛎和扇贝（Maroni K，2000）。2013年，挪威鱼类和贝类的养殖产量分别为124.54万吨和2 363 t，产值分别为68.93亿美元和2 232万美元。瑞典和芬兰的水产养殖规模远逊于挪威。瑞典水产养殖业主要生产虹鳟、大西洋鲑、鳗鱼、红点鲑、贻贝和小龙虾（Ackefors H，2000）。芬兰水产养殖业主要生产虹鳟和大西洋鲑（Varjopuro R等，2000）。2013年，瑞典养殖业共生产鱼类3 122 t，贝类17 02 t，产值分别为1 504万美元和157万美元。芬兰共养殖了11 480 t鱼类，产值为5 399万美元。

在这些国家，特别是挪威，20世纪80年代后期和进入90年代后，大西洋鲑和虹鳟单品种养殖产量和规模都出现了大幅度的增长。由于这种迅速但缺乏全面、科学规划的扩张，疾病和寄生虫暴发频繁。为了控制这种情况，政府开始对大西洋鲑养殖产业进行严格管理（Maroni K，2000）。在申请养殖许可证时有严格的要求，并且对于环境的监测体系的完善有硬性的规定。随着行业严格的环境监测管理要求以及单品种鱼类养殖带来的负面效应，研究人员和从业者们都认识到，必须寻求更好的解决方案来保证产业的健康可持续发展。

在这样的背景下，科研人员和相关企业开始联合尝试IMTA的实践。从2006年开始，政府相继设立INTEGRATE（Integrated Open Sea Water Aquaculture，Technology for Sustainable Culture of High Productive Areas，开放海域综合养殖，高产区可持续养殖技术）（2006—2011）、EXPLOIT（Exploitation of Nutrients from Salmon Aquaculture，鲑鱼养殖业培养物质的开发）（2012—2015）等多个专项来推进IMTA的研究。研究人员基于挪威大西洋鲑的产量及物质平衡方程评估了开展IMTA的潜力。同时，在Tristein、Flåtegrunnen等地的大西洋鲑养殖场开展了贻贝（*Mytilus edulis*）、欧洲大扇贝（*Pecten maximus*）、糖海带（*Saccharina latissima*）的综合养殖。研究结果表明，养殖在大西洋鲑养殖区2 m、5 m和8 m处的糖海带在2～6月份的体长生长率可达0.45 cm/d以上，而1 km外的对照区同样深度糖海带的体长生长率均小于0.2 cm/d，综合养殖区的海带生长速率是对照区的1.5～3倍（Handå A等，2012）。稳定碳、氮同位素和脂肪酸示踪结果表明，贻贝和欧洲大扇贝能够有效地利用大西洋鲑养殖过程中产生的残饵和粪便，并筛选出了18：1（n–9）不饱和脂肪酸作为生物标志物（Handå A等，2012；Handå A等，2013）。

五、以色列

水资源紧张的以色列一直致力于高效、生态的水产养殖模式研究。近年来，陆基鱼–贝–藻IMTA、虾–藻IMTA发展迅速。在陆基鱼–贝–藻IMTA系统中，罗非鱼（*Tilapia*）等鱼类养殖（每年每平方米产量为25 kg）流出的海水，作为长牡蛎、蛤（*Tapes philippinarum*）等滤食性贝类的养殖用水（每年每平方米产量为5～10 kg），利用贝类的滤食性，使养殖海水的透明度增加，同时去除悬浮的固体大颗粒。滤食性贝类养殖流出的海水又被用于石莼、江蓠（*Gracilaria conferta*）等大型藻类的栽培（每年每平方米产量为50 kg）。大型藻类有效降低了养殖海水中的有机物含量，且石莼藻体的蛋白质含量可达40%藻体干重，比野生石莼藻体蛋白质含量高出2～4倍，可以为鲍和海胆提供优质饵料。分离出的固体大颗粒，进入污泥坑中进行氧化处理。养殖排放的海水，仅10%～20%排入海中，其余的海水则循环用于鱼类、鲍和海胆养殖（来琦芳，关长涛，2007；Shpigel M等，2007）。氮收支结果表明，鱼类、滤食性贝类、藻类分别同化了饲料中21%、15%、22%的氮，32%的氮以粪便、假粪及残饵的形式沉积到底部，仅有约10%的氮排入海中（Shpigel M等，2007）。在虾–藻IMTA系统中，养殖用虾以凡纳滨对虾为主，藻类以江蓠属红藻为主。在一个约20 m³（面积为27.4 m²）的综合养殖系统中，对虾的产量为11.75 g/（m²·d），存活率达98%以上；藻类的特定生长率为每天4.8%，藻体的氮含量达5.7%，碳/氮为4.8。结果表明，对虾和藻类同化了饲料中35%的氮，该系统大幅度提高了氮的利用效率。

参考文献

来琦芳，关长涛. 2007. 以色列水产养殖现状［J］. 现代渔业信息，22（3）：7–10.

Ackefors H. Review of Swedish regulation and monitoring of aquaculture［J］. Journal of Applied Ichthyology, 2000, 16: 214–223.

Buschmann A H, Hernandez-Gonzalez M C, Astudillo C, et al. Seaweed cultivation, product development and integrated aquaculture studies in Chile［J］. World Aquaculture, 2005, 36: 51–53.

Buschmann A H, Lopez D A, Medina A. A review of the environmental effects and alternative production strategies of marine aquaculture in Chile［J］. Aquacultural Engineering, 1996, 15: 397–421.

Buschmann A H, Riquelme V A, Hernandez-Gonzalez M C, et al. A review of the impacts of salmonid farming on marine coastal ecosystems in the southeast Pacific［J］. ICES Journal of Marine Science, 2006, 63: 1 338–1 345.

Chopin T, Robinson S, Sawhney M, et al. 2004. The AquaNet integrated multi-trophic aquaculture project: Rationale of the project and development of kelp cultivation as the inorganic extractive component of the system［J］. Bulletin of the Aquaculture Association of Canada. 104（3）：11–18.

Handå A, Forbord S, Wang X, et al. Seasonal-and depth-dependent growth of cultivated kelp（*Saccharina latissima*）in close proximity to salmon（*Salmo salar*）aquaculture in Norway［J］. Aquaculture, 2013, 414–415: 191–201.

Handå A, Min H, Wang X, et al. Incorporation of fish feed and growth of blue mussels（*Mytilus edulis*）in close proximity to salmon（*Salmo salar*）aquaculture: Implications for integrated multi–trophic aquaculture in Norwegian coastal waters［J］. Aquaculture, 2012, 356–357: 328–341.

Handå A, Ranheim A, Olsen A J, et al. Incorporation of salmon fish feed and feces components in mussels（*Mytilus edulis*）: Implications for integrated multi-trophic aquaculture in Norwegian coastal waters［J］. Aquaculture, 2013, 370–371: 40–53.

Haya K, Sephton D H, Martin J L, et al. Monitoring of therapeutants and phycotoxins in kelps and mussels co-cultured with Atlantic salmon in an integrated multi-trophic aquaculture system［J］. Bulletin of the Aquaculture Association of Canada, 2004, 104（3）: 29–34.

Lander T, Barrington K, Robinson S, et al. Dynamics of the blue mussel as an extractive organism in an integrated multi-trophic aquaculture system［J］. Bulletin of the Aquaculture Association of Canada，2004, 104: 19–28.

Maroni K. Monitoring and regulation of marine aquaculture in Norway［J］. Journal of Applied Ichthyology, 2000, 16: 192–195.

Ridler N, Wowchuk M, Robinson B, et al. Integrated multi-trophic aquaculture（IMTA）: A potential strategic choice for farmers［J］. Aquaculture Economics and Management, 2007, 11: 99–110.

Shpigel M, Neori A. Microalgae, macroalgae, and bivalves as biofilters in land–based mariculture in Israel［M］// Bert T M. Ecological and genetic implications of aquaculture activities. Dordrecht: Klewer, 2007：433–446.

Troell M, Halling C, Nilsson A, et al. Integrated marine cultivation of *Gracilaria chilensis*（Gracilariales, Rhodophyta）and salmon cages for reduced environmental impact and increased economic output［J］. Aquaculture, 1997, 156: 45–61.

Troell M, Robertson-Andersson D, Anderson R J, et al. Abalone farming in South Africa: An overview with perspectives on kelp resources, abalone feed,

potential for on-farm seaweed production and socio-economic importance ［J］.
Aquaculture, 2006, 257: 266–281.

Varjopuro R, Sahivirta E, Makinen T, et al. Regulation and monitoring of marine aquaculture in Finland ［J］. Journal of Applied Ichthyology, 2000, 16: 148–156.

蒋增杰　　蔺　凡

第三章
多营养层次综合养殖的构建与管理

第一节　贝-藻和贝-藻-参综合养殖

一、海水综合养殖系统中贝类、藻类的生物学特性及其生态习性

（一）贝类

贝类，即软体动物，隶属于软体动物门，包括双壳纲、腹足纲、头足纲等7个纲。贝-藻综合养殖模式中应用比较多的种类主要有滤食性贝类（如双壳纲的牡蛎、扇贝、贻贝等）以及植食性贝类（如腹足纲的鲍等）。

1. 牡蛎

牡蛎两壳形状不同，表面粗糙，暗灰色；上壳中部隆起；下壳附着于其他物体上，较大，颇扁，边缘较光滑；两壳的内面均呈白色，光滑。两壳于较窄的一端以一条有弹性的韧带相连，壳的中部有强大的闭壳肌。壳微张时，借助鳃上纤毛的波浪状运动将水流引入壳内，滤食单胞藻类和有机碎屑。牡蛎多为雌雄异体，但也有雌雄同体者。牡蛎世界性分布。目前已发现100多种牡蛎，世界各沿海国家几乎都有生产。牡蛎产量在贝类养殖中居第一位，世界养殖牡蛎产量占牡蛎总产量的90%以上。牡蛎养殖业

比较发达的国家有中国、法国、美国、日本、朝鲜、墨西哥、新西兰、澳大利亚等。中国沿海约有20余种牡蛎，主要的养殖种类有长牡蛎、福建牡蛎（*Magallana angulata*）、香港牡蛎（*Magallana hongkongensis*）、近江牡蛎（*Magallana ariakensis*）等。

2. 扇贝

扇贝有大小几乎相等的两个壳，因壳很像扇面，因此得名。壳表面一般为紫褐色、浅褐色、黄褐色、红褐色、杏黄色、灰白色等。壳内面为白色。扇贝只有一个闭壳肌。壳光滑或有辐射肋。肋光滑、鳞状或瘤突状，呈鲜红色、紫色、橙色、黄色甚至白色。外套膜边缘生有眼及短触手；触手能感受水质的变化，壳张开时如垂帘状位于两壳间。扇贝滤食单胞藻类和有机碎屑，靠纤毛和黏液收集食物颗粒并移入口内。扇贝能够依靠双壳间歇性地拍击，喷出水流，借助反作用力进行移动。卵和精排到水中受精，孵出的幼体自由游泳，随后幼体形成足丝腺，用以固着在附着物上。栉孔扇贝适宜生长温度为5℃～25℃，最适生长温度为15℃～23℃；虾夷扇贝适宜生长温度为5℃～20℃，最适生长温度为15℃～23℃；海湾扇贝适宜生长温度为5℃～28℃，最适生长温度为18℃～28℃（王如才等，2008）。

3. 贻贝

贻贝壳呈楔形，黑褐色，前端尖细，后端宽且边缘呈圆弧形。壳薄，壳顶近壳的最前端。两壳相等，左右对称。一般壳长6～8 cm，壳长小于壳高的2倍。壳表面紫黑色，具有光泽；生长纹细密而明显，自顶部起呈环形生长。壳内面灰白色，边缘部为蓝色，有珍珠光泽。铰合部较长。韧带深褐色，约与铰合部等长。铰合齿不发达。后闭壳肌退化或消失。足很小，细软。贻贝的摄食也跟其他双壳类软体动物一样，只能被动地从通过它身体内部的水流中获得，以鳃滤食。饵料主要是以硅藻和有机碎屑为主。贻贝用足丝固着生活。它们一般固着在岩石上，有的也固着在浮筒或船底。适宜生长温度为5℃～23℃，最适水温为10℃～20℃。

4. 鲍

鲍隶属于软体动物门腹足纲，有一坚硬厚实的石灰质耳状壳，右旋，螺层3层，缝合不深，螺旋部极小。壳顶钝，突出于壳表面。背面深绿褐色，生长纹明显。壳内面具有珍珠质光泽。壳的外缘有一排突起的壳孔。皱纹盘鲍（*Haliotis discus hannai*）壳孔4～5个，杂色鲍7～9个。鲍的腹足发达，肥厚，腹面大而平，用于附着和爬行。鲍有定居的习性，在饵料丰富的岩礁带，一般不会出现大的移动，营匍匐生活，昼伏夜出，其摄食量、消化率、运动距离和速度、呼吸强度，均以夜间最大，白天只在涨落潮时稍移动。自然海域中生活的鲍有明显的季节性移动：冬、春季水温低时向深水处移动；初夏水温回升后，便逐渐移向浅水处。鲍对环境变化非常敏感，在受到惊吓或遭到敌害袭击时迅速收缩触角，用平展的足面紧紧吸附于岩石上（燕敬平等，2000）。

（二）大型藻类

贝-藻综合养殖中的藻类主要包括褐藻门的海带、裙带菜、鼠尾藻、羊栖菜；红藻门的龙须菜、麒麟菜等。生物学特性及生态习性因种类各异（赵素芬等，2012）。几种主要大型藻类的生物学特性及生态习性介绍如下。

1. 海带

海带为褐藻门海带科种类。配子体为微小丝状。孢子体大型，分为固着器、柄及叶片。固着器发达，也称假根。叶片扁平，中部较厚。藻体褐色，居间生长，分生细胞位于叶片基部与茎的连接处。无性繁殖时，由表皮细胞形成单室孢子囊。有性繁殖为卵式生殖。海带在大潮低潮线以下，营固着生活。海带主要分布在冷温带，在0℃以下也可生长，但是其生长的最高温度为20℃，高于此温度藻体易腐烂。目前海带的养殖已不局限于其自然分布区，在中国的南方海域如福建，海带的养殖规模已超越北方的山东和辽宁。

2. 裙带菜

裙带菜为褐藻门翅藻科裙带菜属种类。孢子体大型，分为假根、柄及叶片；黄褐色，披针形，长为1～1.5 m，宽为0.6～1 m。藻体居间生长，幼期卵形或长叶片形，单条，在生长过程中逐渐分裂为羽状，有隆起的中肋结构。具无性繁殖和有性繁殖。裙带菜是一年生藻类，其生活史和海带相似，分为孢子体世代和配子体世代。我们所见的裙带菜藻体是孢子体，生长时间可接近一年。配子体生长时间很短，条件适宜时配子体发育形成孢子体。裙带菜喜强光，适宜生活在风浪不过大，营养较丰富的海湾内，固着在低潮线以下1～4 m处。5℃～15℃是孢子体生长的适温范围；对周围环境要求潮流通畅。裙带菜主要分布在温带，能忍受较高的水温。

3. 江蓠

江蓠是杉藻目江蓠科江蓠属几种藻类的统称，中国主要的江蓠栽培物种是龙须菜、细基江蓠繁枝变型、真江蓠、细基江蓠、芋根江蓠和脆江蓠等。藻体直立，丛生，圆柱状或偏平叶状；浅红色至暗红色。江蓠一般生长在潮间带或低潮线附近，少数生长在更深的海域中。在风平浪静、潮流畅通、地势平坦和水质肥沃的海域生长旺盛。最适宜的水温范围为15℃～25℃。江蓠广泛分布于世界各地，从温带到热带海域均有。常见的江蓠是温带性海藻，在中国南北沿海都有分布，但也有一些热带性和亚热带性的江蓠种类只生长在福建、广东、广西和海南等省区沿海。

二、选址及生态环境条件要求

应选择水质优良的近岸海域实施贝-藻综合养殖，底质以平坦的泥沙底为宜，便于筏架设置；水深在大潮时能保持5 m以上，以20米左右为宜；潮流中等偏大（0.3～0.8 m/s），过大则不利于贝类的生长；海域浪小，往复流，还需兼顾贝类对浮游植物的要求，因此透明度不可过大，1～3 m为宜；营养盐丰富，无工业或生活污水污染，水化指标符合国家渔业养殖用水标准。

三、贝–藻综合养殖系统构建

（一）滤食性贝类–大型藻类综合养殖模式

根据贝藻生态互补性以及大型藻类的生物学特性，冬春季节推荐采用"滤食性贝类–海带综合养殖"，夏秋季节推荐采用"滤食性贝类–江蓠"的养殖策略（图3-1）。

滤食性贝类–大型藻类综合养殖大多采用筏式养殖。筏架的方向和海水的流向一致。筏架梗绳使用直径2.4 cm的聚乙烯绳，总长度150 m，其中可养殖利用长度100 m。筏架两边梗绳各25 m，筏架间距5 m。浮漂直径30 cm，养殖初期大约每条浮梗20个浮漂，之后随养殖生物的生长逐渐增加浮漂数量。大型藻类以海带为例，海带养殖绳长2.5 m，绳间距1.15 m，每条筏架养殖87绳，两根筏架间平挂两条养殖绳，养殖绳之间使用"八"字扣进行固定，便于吊挂和采收。扇贝或牡蛎笼吊绳粗0.4 cm，长3.0 m，吊笼间距2.3 m，每两个吊笼间隔1绳海带，每条筏架吊养43笼。每4条筏架为一个养殖单元。

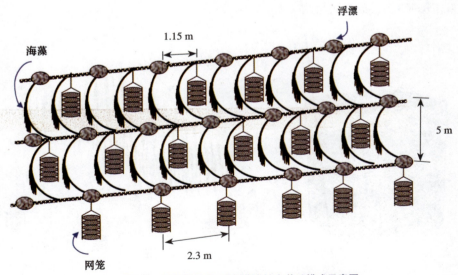

图3-1　滤食性贝类–大型藻类综合养殖模式示意图

日常管理过程中需要定期清理污损生物，维护生产设施，增加浮漂；定期监测水质指标、饵料生物等与滤食性贝类、大型藻类养殖生产密切相关的环境理化因子；养殖区域编号、记录，做到产品可追溯。

（二）鲍–大型藻类–参综合养殖模式

鲍养殖需要人工投喂大量饵料（新鲜或干的大型藻类），以致水质变差，影响到养殖鲍的健康状况，最终使养殖系统的食物产出功能受到影响。鲍–大型藻类–参综合养殖（图3-2）策略的实施，有助于显著降低大规模鲍养殖对生态系统造成的负面效应，加快营养物质的循环利用。鲍的粪便及其他排泄物可以被藻类及刺参吸收利用，而藻类又成为该综合养殖系统中鲍的食物并提供生物呼吸所需的DO。

每一个养殖单元有4条筏架，每个筏架长80～100 m，筏间距为5 m。网笼间距2.5 m，每个筏架可以悬挂约30个网笼，网笼所处水深约为5 m，每个网笼可以养殖约280头壳长3.5～4 cm的鲍。海带水平悬挂于网笼之间。每条绳上可以养殖70棵海带，每条海带养殖绳间的距离为2～3 m。将刺参作为修复工具种纳入该IMTA系统，鲍养殖笼每层可放养刺参2～3头，每笼3层，放养规格60～80克/头。

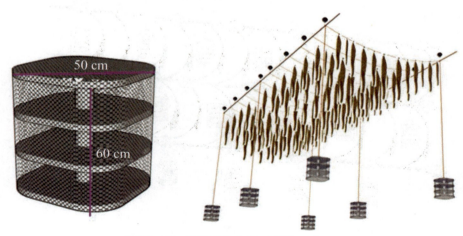

图3-2　鲍–大型藻类综合养殖模式示意图

日常管理过程中需要定期清理污损生物，维护生产设施，增加浮漂；定期监测水质指标、饵料生物等与鲍、大型藻类、参养殖生产密切相关的环境理化因子；养殖区域编号、记录，做到产品可追溯。

四、经济效益、生态效益分析

在贝－藻综合养殖生态系统中，滤食性贝类等养殖动物通过摄食过滤掉水体中的颗粒物质，有利于藻类进行光合作用；而大型藻类则利用贝类呼吸、代谢过程中产生的二氧化碳和氨氮作为原料，通过光合作用产生氧气，既可以达到维持生态系统中氧气和二氧化碳水平的平衡和稳定作用，又可以维持生态系统中氨氮水平的平衡稳定和促进氮循环，在取得显著经济效益的同时，减轻了养殖对水域环境造成的压力，又合理利用了资源，提高了水环境的生态修复能力。

以牡蛎－海带综合养殖为例，经过6～7个月的养殖，海带的单株平均湿重1.30 kg，每绳有效收获28棵海带，单根养殖绳总产量（湿重）36.4 kg，按干湿比1∶7来估算，干重5.2 kg；每条筏架87绳，总干重约为452.4 kg；按照干品6元/千克来计算，单条筏架毛收入2 714.4元，每个养殖单元（四条筏架）毛收入10 857.6元；除去工人工资、养殖材料损耗等成本，每个养殖单元净收益约为1 600元。牡蛎每笼产量约为12.5 kg，单条筏架总产量约为537.5 kg；按照6元/千克来计算，单条筏架毛收入约为3 225元，除去工人工资、养殖材料损耗等成本，净收益约为635元，每个养殖单元（4条筏架）净收入2 540元。每个养殖单元牡蛎－海带综合养殖模式净收益4 140元。

贝－藻综合养殖除了具有经济效益外，还具有显著地生态效益。贝类和藻类等养殖生物通过滤食浮游植物、POM和光合作用从水体中大量吸收碳元素，并通过收获把这些已经转化为生物产品的碳移出水体，或被再利用或被储存，形成"可移出的碳汇"。研究表明，1999—2008年间，中国规模化养殖的贝藻类平均每年可吸收利用约379万吨碳，约120万吨碳通过收获被移出，显著增加了近海生态系统对大气中二氧化碳的吸收能力（Tang等，2011）。

鲍-大型藻类-参综合养殖系统中，利用海带等养殖大型经济藻类作为鲍的优质饵料，鲍养殖过程中产生的残饵、粪便等POM沉降到底部作为海参的食物来源，鲍、参呼吸、排泄产生的无机氮、磷营养盐及二氧化碳可以提供给大型藻类进行光合作用。

按照一个养殖单元4条筏架来计算，该鲍-海带综合养殖系统共养殖33 600头鲍和12 000棵海带。海带自11月份开始养殖直到翌年6月份结束。海带达到1 m长后便可以用于饲喂鲍，鲍网笼至少应该每周清理一次。在这种养殖方式下，鲍在2年内就可以达到上市规格（8～10 cm）。约2年的养殖周期结束时，该系统养殖鲍的产量可达900 kg，产值可达6万多元。刺参放养时间9月份，到翌年5月份，刺参平均体重可达150～200克/头。按笼养鲜刺参每千克140元计算，刺参与鲍混养后，每笼平均经济效益可增加210元，每个养殖单元（4条浮梗）鲍与刺参混养后可增加产值16 800元，扣除刺参苗种费用（每头按5元计算），每笼可增加毛利180元，每条浮梗可增加毛利3 600元。

鲍-大型藻类-参综合养殖方式在增加经济效益的同时，还能够有效移除海洋中的碳。碳收支研究结果表明，每收获1 kg（湿重）的鲍，所摄食吸收的碳约为2.15 kg，其中约12%用于壳及软组织的生长，33%作为生物沉积沉降到海底，55%通过呼吸及钙化过程释放出二氧化碳并回归水体。鲍养殖过程中排泄、排粪产生的生物沉积碳约0.71 kg，其中，10%（0.07 kg碳）为海带吸收再利用，其余的90%（0.67 kg碳）与海带残饵（0.37 kg碳）作为刺参的食物来源。作为刺参食物来源的碳中，约69%（0.72 kg碳）被刺参同化，剩余的21%沉入海底。鲍呼吸和钙化过程中产生的1.18 kg溶解二氧化碳以及刺参呼吸产生的0.09 kg的溶解二氧化碳为海带光合作用提供了52%的无机碳源（图3-3；唐启升等，2013）。因此，鲍-大型藻类-参综合养殖模式在增加经济效益的同时，能够有效移除海洋中的碳。

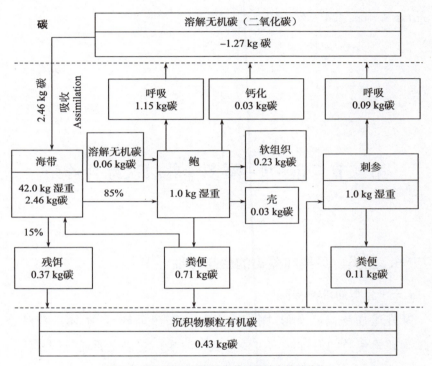

图3-3　鲍-海带-刺参综合养殖系统中的碳收支

参考文献

唐启升，方建光，张继红，等.多重压力胁迫下近海生态系统与多营养层次综合养殖［J］.渔业科学进展，2013，34（1）：1-11.

王如才，王昭萍，张建中.海水贝类养殖学［M］.青岛：中国海洋大学出版社，2008.

燕敬平，孙慧玲.名优贝类［M］.北京：中国盲文出版社，2000.

赵素芬，等.海藻与海藻栽培学［M］.北京：国防工业出版社，2012.

Tang Q, Zhang J, Fang J. Shellfish and seaweed mariculture increase atmospheric CO_2 absorption by coastal ecosystems［J］. Marine Ecology Progress Serries, 424: 97–104.

蒋增杰

第二节　鱼–贝–藻多营养层次综合养殖

一、鱼类、贝类和藻类的生态习性

（一）鱼类的排泄特性

氮排泄物是以液态形式排放，所以其直接影响到水体。花鲈、大黄鱼等硬骨鱼类的氮排泄物主要为氨和尿素，它们主要通过鳃排泄，少量随尿液排出。在大多数情况下，氮是最主要的排泄物，氨氮占总氮的80%～98%。南沙港共有网箱约4 000个，每个网箱放养1 000尾左右，每箱产量约250 kg，年产量约1 000 t，花鲈约占养殖总量的75%，大黄鱼约占25%。根据宁修仁等计算的花鲈和大黄鱼等不同季节的排泄速率（表3–1），结合网箱养殖鱼类现存量，计算出春季、夏季、秋季和冬季养殖鱼类的氮排放量分别为4.62 t、15.59 t、8.96 t和2.81 t。

表3-1 各季节花鲈和大黄鱼氮排泄率与排泄量

	花鲈 氮排泄率* / [μg/(g·h)]	养殖总量/t	氮排泄量 / (kg/d)	大黄鱼 氮排泄率* / [μg/(g·h)]	养殖总量/t	氮排泄量 / (kg/d)
春季	0.994	330	7.87	15.08	120	43.43
夏季	7.58	480	87.32	21.06	170	85.92
秋季	1.702	660	26.96	13.76	220	72.65
冬季	0.011	750	0.20	5.17	250	31.02

注：*数据源自宁修仁等（2002）。

（二）基于大型藻类生物修复技术的研究基础

大型藻类被称为是最具潜力的生物净化器，其在光合作用过程中，不仅能够利用二氧化碳，释放氧气，而且可以利用水体中的溶解性无机氮和磷，起到净化水质的作用。同浮游植物相比，大型藻类具有利于收获的特点，通过收获，有效移除海域中的氮、磷等营养物质。养殖的大型藻类除了作为鲍、海胆的饵料，将低值的产品转化为营养价值和经济价值较高的产品外，还可作为重要的海藻化工原料和人类食品。因此，基于大型藻类的生物修复技术能充分利用系统中的营养物质和能量，把营养损耗及潜在的经济损耗降低到最低，同时达到环境调控和生物修复的目的。

有关大型藻类对营养盐的吸收动力学的研究已经有较多报道。大型海藻对营养盐的吸收和生长之间存在非偶联关系。大型藻类通常具有强烈的氮吸收能力，多数种类具有在体内储存营养的能力。当介质营养盐含量较高时，即使光照不足，大型海藻也会吸收超过自身生长需要的营养盐，以备光照合适时快速生长对营养盐的需要。这一点在生产上具有很大意义，因为当养殖水体营养盐含量突增时，大型藻类可以做出反应，调节氮的吸收率，达到对水质的净化作用。Fujita（1985）报道过3种大型藻类*Ulva lactuca*，*Enteromorpha* sp.和*Gracilaria tikvahiae*，当养殖在营养盐不足的环境中时，体内的氮库可以维持生长的天数分别为6 d、8 d和14 d。毛玉泽等（2008）的研究表明，海带具有对营养盐快速吸收能力。在最初的0.5 h内使氨氮浓度从5.1 μmol/L降低到2.7 μmol/L，吸收率高达到27.8 μmol/［g（DW）·h］；0.5 h时后介质中氨氮浓度变化不大，吸收速率也较低，多小于1.1 μmol/［g（DW）·h］。海带对硝酸氮也存在快速吸收过程，在1 h内使介质中硝酸氮浓度从44 μmol/L降到33 μmol/L，以后降低缓慢，经过28 h其浓度仍然维持在较高水平（19.7 μmol/L）；其吸收速率在0.5 h内最高，为66.1 μmol/［g（DW）·h］；其次在0.5～1 h，为45.3 μmol/［g（DW）·h］；1 h后，吸收速率迅速下降。

当藻体处于低营养水平或处于营养饥饿的条件下，通常具有较高的去除效率。掌状红藻（*Palmaria mollis*）在不同的季节和光照条件以及不同营养盐浓度下对鲍养殖排出的氨氮吸收率不同。夏季无光照和24 h光照对氨氮的吸收率分别为17.4和31.3 μmol/（g·d）；添加营养盐后掌状红藻在无光照和24小时光照对氨氮的吸收率分别为19.8 μmol/（g·d）和24.2 μmol/（g·d）（高爱根等，2005）。大型海藻石莼对氨氮的去除效率具有日变化规律，在中午能达到96%，夜间的去除效率为42%。

大型藻类对氮磷的吸收与营养盐结构和温度、光照有关。Xu等（2011）的研究结果表明，不同氮磷比下，海带对氮、磷的吸收速率不同。当氮/磷为7.4时，海带对营养盐的吸收效率达到最大值。温度和光照同样显著影响海带对营养盐的吸收效率。在温度为10℃、光照为18 μmol/（m²·s）条件下，海带对氮的吸收效率达到最大值；温度为15℃、光照为144 μmol/（m²·s）条件下，海带对磷的吸收效率达到最大值。

（三）鱼-贝-藻综合养殖系统物质循环

鱼-贝-海带筏式综合养殖模式系统中，藻类可以吸收和转化鱼类和贝类排泄的无机营养盐，并为鱼类、贝类提供DO。双壳贝类可滤食鱼类粪便、残饵及浮游植物形成的悬浮的POM。在该IMTA系统内，对能够摄食POM的贝类及其他滤食性生物来说，颗粒大小起到决定作用。长牡蛎能够摄食直径小于541 μm的颗粒。近期的实验通过对网箱区与非网箱区的实验比较，证明了鱼类残饵及粪便对牡蛎食物来源的贡献。牡蛎通过摄食活动对鱼类养殖产生的有机碎屑的转化效率约为54.44%（其中10.33%为残饵、

44.11%为粪便）。从鱼类养殖网箱逃逸出来的颗粒营养物质中适宜大小的占41.6%，牡蛎能够同化利用22.65%的POM。双壳类在该系统中起到循环促进者的作用，不仅能够减少养殖污染还能够为鱼类养殖创造额外的收入。不过，为了能够达到最大限度的清洁效果，在该系统中搭配沉积食性种类（如沙蚕、海胆等）是十分必要的。

二、选址及生态环境条件

网箱养殖选址要充分考虑环境条件、养殖生物对水质的要求、网箱设施的安全性和养殖鱼类适应性等问题。在确定海水网箱养殖区域前，应进行海域初选、拟养海域的水文环境调查、当地的社会经济和生态调查，结合网箱类型和养殖品种，以网箱设施安全性、养殖鱼类适应性以及网箱养殖经济实用性和规划合理性等方面综合论证，分析拟养海域的利弊因素，综合平衡后确定养殖海域。

（一）环境条件要求

水流条件：水流条件是影响海水网箱养殖的最大环境因素之一。流速对鱼类的生长有着极其重要的作用。畅通的水流不仅能给鱼类带来新鲜的氧气，同时也带走了鱼类的残饵和排泄物。因此，海水网箱拟养海域需要一定的流速，以利减少自身污染、改善水质、提高养殖生物的品质；但流速不能过大，以免损坏养殖设施、减少有效养殖水体、损伤养殖生物、影响养殖生产。拟养海域最大流速主要取决于养殖网箱的类型。对圆柱形网箱和浮绳式网箱而言，流速不超过0.8 m/s时才可进行养殖。也就是说，拟养海域最大流速不超过0.8 m/s时，可直接进行养殖；最大流速在0.8～1.1 m/s时，需采用简易的分流设施；最大流速超过1.1 m/s时，应建设分流、滞留设施。对金属网箱和碟形网箱而言，拟养海区最大流速不超过1.1 m/s时，可直接进行养殖；最大流速超过1.1 m/s时，应建设分流、滞留设施。

水深：海域水深也是影响海水网箱最大的环境因素之一。海水网箱拟养海域所需水深一般为15～25 m，最低潮位时网箱底部离海底的实际距离原则上不得小于5 m。这既可保证网箱箱体网衣在恶劣海况下不至于触底而损坏，又有利于网箱内残饵和排泄物顺利排出箱外，减少网箱养殖对环境的影响。

避风：海水网箱拟养海域应避风条件好、受大风影响的天数少，以免网箱受大风、风暴潮（特别是台风）等袭击；最好有避台风的岛屿便于隐蔽，最大浪高宜小于6 m。对于风浪大的养殖水域，建议采用防波堤消浪（盛祖荫等，2001），以有效改善网箱养殖水域条件，拓宽海水养殖面积。

底质：在投饵网箱养殖过程中，残饵、养殖对象的粪便和排泄物进入水体，沉积在水底成为沉积物。拟养海域沉积物中的硫化物、有机碳、油类等指标应在正常范围内（GB 3097—1997）。海底条件不同，对沉积物的吸附及释放能力也不同。在释放污染物方面，沙质底质最快，泥质底质最慢，投放海水网箱的海底以平坦宽阔、沙质底质最为合适。

其他设施条件：海水网箱拟养海域需具备的其他条件包括交通便捷、设施齐全、信息畅通，有冷库、有水电供应，便于苗种、饵料的贮运以及养殖鱼类的销售等。要根据水质、水流和水域面积等来确定网箱拟养海域合理的养殖容量，避免因网箱养殖规模过大、密度过于集中造成网箱内外水质污染。网箱拟养海域中各类浮游生物种类和数量要适中，浮游生物过多将导致网箱箱体网衣附着、养殖成本增加，浮游生物过少将减少养殖鱼类对天然饵料的摄食。此外，拟养海域附近无大的污染源，避开海洋倾废区、化工区、加工厂、海洋和海岸重大工程作业区及有废物、污水入海的区域。

（二）海水网箱拟养海域水质要求

海水网箱的选址还需对拟投放海水网箱拟养海域的水质进行调查与评估。根据水质检测报告或调查所获得的海域水质资料，对拟投放海水网箱拟养海域的水质做详细分析研究，以评估该海域水质是否符合国家水产养殖水质标准、评估该海域水质是否适合投放海水网箱、评估该海域是否无污染且无特定病原。海水网箱拟养海域的主要水质指标应不超过鱼类养殖要求的安全浓度并满足《海水水质标准》（GB 3097—1997）。

水温：鱼类对水温的适应范围存在着一定的差异，如冷水性鱼类适宜水温为8℃～20℃、暖水性鱼类适宜水温为15℃～32℃。网箱养殖过程中若水温突变会使养殖鱼类血液和组织成分改变、呼吸和心率发生变化，导致养殖鱼类减少或停止进食、生长速度减慢。此外，由于海域水温原因而进行南鱼北调、北鱼南调或转移到岸上养殖，均会增加额外的养殖成本。水温直接关系到网箱养殖鱼类的生长速度和鱼类能否直接越冬，因此，网箱设置时应考虑水温。

盐度：盐度是影响鱼类生长的重要环境因素之一。鱼类对盐度的适应范围存在着一定的差异，如广盐性鱼类适宜盐度为10～30；狭盐性鱼类适宜盐度为20～30。盐度会由于各种因素而发生变化，从而对养殖鱼类渗透调节造成胁迫，改变养殖鱼类与海水的渗透关系。盐度变化对养殖鱼类生理、生长及免疫功能等均会产生影响。因此，拟养海域盐度应相对稳定，变化幅度应相对较小；盐度要求根据养殖鱼类而定。为减少各种因素对海水盐度的影响幅度，海水网箱拟养海域应与岸边保持一定的距离，尤其应注意避开江河入口。

DO：表层和次表层海水DO要求大于5 mg/L（GB 3097—1997），但DO并非越高越好，海水DO过低或过高都会影响网箱养殖鱼类生长率、成活率及饵料系数。网箱养殖鱼类生存必需的水中最低DO，随鱼种、规格、水温、鱼群密度和养殖方式等的不同而不同。海水DO是影响养殖鱼类生长率、成活率及饵料系数的主要因素之一。网箱养殖过程中经常发生DO降低会使养殖鱼类处于应激状态。鱼类处于应激状态时体内会产生应激激素，血液和组织的成分改变，呼吸和心率发生变化，减少或停止进食，鱼体免疫力降低，容易感染病原，生长速度减慢，死亡率增加。网箱作为一个开放系统，其氧气平衡受温度、盐度、海藻活性、水交换率以及鱼群的耗氧量等因素的影响。海水临界DO不足的风险主要与鱼群密度过大和高温有关。在网箱养殖中，可以采用气泵或水流发生器等措施改善和保证网箱养殖海域的海水DO。

化学需氧量（COD）：COD是评价海水污染的主要因子之一。尽管海洋对污染物的降解作用很强，但海水的自净能力也是有限的。海水自净能力受环境的影响较大，养殖海域COD需符合一类海水水质标准（不大于2 mg/L），局部海域COD需达到二类海水水质标准（不大于3 mg/L）（GB 3097—1997）。养殖海域一旦存在COD超标现象，其水质将逐渐恶化，严重影响网箱养殖效益。海水网箱养殖海域可合理搭配贝类、藻类养殖，利用动物、植物相互依存的关系来缓解水质污染。海藻能消耗大量的氮和磷，稀释和净化污染物，降低COD，使网箱养殖海域达到自净的目的。

无机氮和磷酸盐：赤潮是全球性海洋灾害之一，往往造成网箱养殖鱼类的大批死亡。海水中丰富的无机氮和磷酸盐为赤潮的发生提供了营养基础，特别是磷的含量是制约赤潮发生的主要因素，掌握不好会影响鱼类生长或造成鱼类死亡。因此，海水网箱拟养海域水质中无机氮和磷酸盐含量须符合二类海水水质标准（GB 3097—1997）。网箱拟养海域应位于非赤潮频发海域，若网箱养殖海域发生赤潮宜立即采取网箱下潜措施，以减少养殖鱼类死亡。拟养海域的无机氮和磷酸盐指标尽量选择无机氮≤300 μg/L、磷酸盐≤30 μg/L的海域。

重金属：汞、镉、铅、铬、砷、铜、锌、硒、镍等重金属在海水中超过一定含量时会影响海水网箱养殖鱼类的呼吸、代谢，重金属严重超标时将会导致网箱养殖鱼类死亡。因此，海水网箱拟养海区水质中重金属含量应控制在一类或二类海水水质标准（GB 3097—1997）规定的范围内，并且每项指标均未超过。

（三）海水网箱设施的安全性

为进一步开发海水网箱养殖的可利用水域资源，并为养殖鱼类的健康生长提供良好的环境，海水网箱可以推向水深、浪大的开放海域。设置于开放海域的海水网箱设施会面临更为复杂的海域环境条件，尤其是抗风浪能力的考验。

网箱抗风浪能力不仅取决于网箱设施自身的性能（如网箱设计结构

的合理性、网衣材料的耐久性和网箱框架抗冲击性等），而且取决于网箱海上锚泊对该海域底质、水文气象特征的适应性。锚泊系统对网箱抗风浪能力具有极大的影响。因此，在确定海水网箱设置地点以前，必须对拟设点海域环境进行调研和综合分析，以根据其环境特征确定海水网箱的类型与设置方案，最大限度地保证海水网箱设施在整个养殖生产周期中的安全性。

影响网箱设施安全性的主要环境因素包括水深、海底条件以及历年来的水文气象状况。尤其应掌握设置点的水深（包括平均潮差和极值潮差）、底质类型和厚度，设置区域在整个养殖周期中占优势的风浪、涌浪方向、平均浪高和最大浪高，海流的平均流速以及天文大潮高峰时的最大流速，历年来受台风、赤潮影响的概率和影响程度等。

（四）海水网箱养殖鱼类的适应性

每种网箱养殖鱼类均需要特定的生长环境，包括养殖海域的水温、盐度、DO等。因此，网箱选址在充分考虑设施安全性的情况下，还要综合考虑拟养殖鱼类对环境的适应性，使选定网箱设置海域的自然水域条件保持在能使养殖鱼类健康生长所需的范围内。

养殖环境尤其是水质对海水网箱养殖鱼类的生长影响较大，因此在选址以前应对拟定海域的重要环境因子进行相对较长时间段的资料的收集或连续监测，以保证所得资料的准确与稳定性。对于离岸较近的养殖海域，尤其应注意避开江河入口、污水排放等原因产生的或潜在的污染源，以及对海水盐度的影响幅度等。由于近年来近海富营养化等原因所造成的赤潮发生频率和影响面积的大幅度增长，因此赤潮影响也应成为海水网箱养殖中需密切关注的问题。同时，确保水域环境不受养殖自身污染也是网箱养殖业总体规划与设计中必须重视的问题。在网箱选址及布局中，应根据设置点的水流速度、流向和占优势的风浪方向等因素，进行网箱的合理布局；另外，应调查网箱设置海域的生物种类及数量，评估该海域对养殖过程中残饵和鱼类排泄物的消除能力。

三、鱼–贝–藻综合养殖系统构建

根据大型藻类干组织碳、氮、磷的含量，利用氮元素的平衡原理研究了不同海域网箱养殖区的生物修复策略。不同年度、不同季节大型藻类干组织碳、氮含量变化较大，书中采用2006—2010年实测数据的平均值。

养殖鱼类所引起的氮污染由鱼类排泄的无机氮、残余饵料转化的无机氮、鱼类死亡后转化的无机氮三者构成，氮排泄物是以液态形式排放，所以其直接影响到水体。花鲈、大黄鱼等硬骨鱼类的氮排泄物主要为氨和尿素，它们主要通过鳃排泄，少量随尿液排出。在大多数情况下，氨是最主要的排泄物，氨氮占总氮的80%~98%。根据宁修仁等（2002）的研究结果，饵料和粪便的氮含量为排泄的1.6倍。

氮是引起象山港网箱养殖区富营养化的主要因素（蒋增杰等，2010），根据海带和龙须菜在季节上的互补性，对南沙港网箱养鱼带来的富营养化采用海带和龙须菜筏式轮养（12月至翌年5月栽培海带，5月至12月栽培龙须菜）方式进行养殖区环境修复。南沙港共有网箱约4 000个，每箱产量约250 kg，年产量约1 000 t，花鲈约占养殖总量的75%，大黄鱼约占25%。根据宁修仁等（2002）对花鲈和大黄鱼等不同季节的排泄速率，结合网箱养殖鱼类现存量，计算出春季、夏季、秋季和冬季养殖鱼类的氮排放量分别为4.62 t、15.59 t、8.96 t和2.81 t。

（一）冬季、春季通过海带养殖进行生物修复

南沙岛网箱养殖主要鱼类在冬季和春季的氮排放量为7.43 t，残饵和粪便中的氮按照排泄氨氮的1.6倍计算，不考虑花鲈和大黄鱼的死亡情况，冬季、春季网箱养鱼的氮排放总量为19.32 t；象山港淡干海带体内氮含量约为2.79%（$n>100$），换算成海带的生物量为692.5 t（干重）；象山港海带的含水率约为90%，换算为鲜重为6 924.6 t。按每公顷产量56 t（鲜重）计算，需要养殖123.7 hm²海带才能达到氮平衡目标。也就是说，要利用藻类控制网箱养殖所产生的营养盐，冬季春季鱼类网箱个数与海带养殖面积的混养比例要达到1（个）：0.03（公顷），生产1 kg鱼需要养殖海带6.3 kg

（鲜重）。

（二）夏秋季通过养殖龙须菜进行生物修复

夏季、秋季花鲈和大黄鱼的氮排放总量为24.6 t，网箱养鱼的氮排放总量为63.8 t，根据龙须菜干组织的氮含量为3.42%计算，需要龙须菜生物量为1 866.4 t（干重）；龙须菜含水率为90%计算，则需要养殖龙须菜鲜重为18 663.7 t。按每公顷产量30 t计算（夏季、秋季各收获一次），需要养殖311.1 hm²才能达到氮平衡目标。夏季、秋季鱼类网箱个数与龙须菜养殖面积的混养比例为1（个）：0.08（公顷），生产1 kg鱼需要养殖龙须菜8.4 kg。

在桑沟湾，2～8月海带干组织碳、氮、磷含量分别为33.7%，2.26%和0.38%。4～11月龙须菜碳、氮、磷含量分别为36.3%，3.34%和0.33%。海带和龙须菜的干湿比分别为1：7和1：8。

桑沟湾主要养殖鱼类为花鲈和许氏平鲉，比例为1：1左右。每个大网箱产量约为10 000 kg。一般每个大网箱（净面积约200 m²，占水面面积1 600 m²）约养殖花鲈20 000尾（≤500 g），每尾花鲈（平均湿重443 g）每天排氨25.5 mg/（ind·d），按养殖周期为300 d计算，排泄的氮为114.5 kg，饵料和粪便的氮含量为183.2 kg，养殖产生的总氮量为297.7 kg。以桑沟湾海带养殖面积平均单产8.4 kg/m²（鲜重）计算，鱼类代谢的营养盐可供1.1 hm²的海带，或者1.7 hm²的龙须菜（平均鲜重产量4.1 kg/m²）。生产1 kg鱼，需要养殖9.2 kg海带，或者7.1 kg龙须菜。

四、经济效益、生态效益分析

在中国早期（20世纪50年代末）海水鱼类的养殖研究主要集中在鲻科鱼类，品种有花鲈、梭鱼、六线鱼、鲷、鲀、欧鲽和鲽。20世纪80年代后开展了网箱养殖。在过去的20年间，网箱养殖迅速发展成为中国海水水产养殖业的一个新支柱产业。沿海水域悬浮式网箱养鱼的快速扩增部分增加了就业率，生产出更多的水产品。但是由于缺乏统一的规划，在大多数情况下首先考虑经济效益，海湾网箱养殖和沿海对虾养殖密度过高，出现了超过养殖容纳量的现象，使海湾和沿海区的环境质量面临的严重威胁，影响了水产养殖的可持续发展。

养鱼场产生大量的废物包括DIN和DIP。利用输入养鱼场的营养素，建立了耐高温大型藻类龙须菜与黑鲷等的养殖模式，该模式大大降低了水体富营养化的风险。实验室研究表明，海藻（龙须菜）作为高效的营养盐泵能够去除海藻和鱼综合养殖系统中大部分的营养盐，养殖23 d后氨氮浓度从85.53%降低至69.45%，养殖40 d后磷酸盐（以磷计）浓度从65.97%降低至26.74%。现场的养殖试验表明鱼-藻养殖系统中，龙须菜具有较高的生长率平均每天生长11.03%，藻体内的碳、氮、磷含量分别为28.9%，4.17%和0.33%。龙须菜对氮、磷的吸收速率分别为10.64 μmol/g和0.38 μmol/g。这种综合养殖方式为北方沿海高温季节带来了可持续的良好经济和环境效益。实验结果表明，龙须菜具有消除沿岸水体过剩营养盐的潜力，大规模种植龙须菜能够有效控制中国沿海海域的富营养化。

北方中国对虾（*Fenneropenaeus chinensis*）、罗非鱼（*Oreochromis mossambicus*）和缢蛏（*Sinonovacula constricta*）池塘综合养殖模式可显著提高经济利润和生态效益。系统中输入的总氮转换效率为23.4%，输入的总磷转换效率为14.7%。虾池中大量的有机物来源于投饵、施肥或碎屑，一些直接溶解或悬浮于水中，一些沉积入池塘底部。大部分有机物被浪费在单养系统的后期培养阶段，因为虾不能直接以这些有机物为食。混养滤食性鱼类、软体动物和虾不仅可以提高池塘生态系统的物种多样性和充分利用生活空间，还可以提高上述有机物的利用率，从而增加投入饵料的转换率。从目前的研究结果可以看出，与单养对虾相比氮和磷在混养系统总转换率分别平均提高了57.0%和110.1%。研究结果表明封闭的混养不仅可提高对虾养殖效益，还可以减轻塘污水造成的沿海水域污染。因此这一养殖模式可能是一种经济的可持续生态养虾替代法。

这种养殖体系包括对虾、鱼、贝类和大型藻类等养殖区域，一个微生物和微藻繁殖区，一个水处理区和紧急排水道。水质的生物调节通过在池塘封闭循环系统内放养对虾、罗非鱼、牡蛎、江蓠这些生物生态位互补的经济动物和藻类实现。结果表明，在循环养殖系统悬浮容器内

COD、氨氮和总氮量的分别比对照的单养池塘低。最终排放的废水没有呈现出富营养化，1 kg饲料转化成0.667 kg对虾、0.037 kg罗非鱼、0.738 kg牡蛎和0.437 kg龙须菜。复合养殖对虾与单养比投入产出比从0.671减少到0.235。使用该模式不仅可以实现养殖环境的自我修复和养殖污水零排放，而且能够增加饲料转化率和增强养殖生物的疾病抵抗力，经济效益显著，具有环保性和高效率等优点（Tian等，2001）。

参考文献

蔡清海，杜琦，卢振彬，等.福建近海若干个拟投放深水网箱海湾理化环境调查与评估［J］.渔业科学进展，2005，26（5）：69-80.

国家环境保护局和国家海洋局.海水水质标准（GB 3097—1997）［S］.北京：中国标准出版社，1997.

黄海，尹绍武，杨宁，等.中国近海抗风浪网箱养殖现状发展对策［J］.齐鲁渔业，2006（2）：17-19.

蒋增杰，方建光，毛玉泽，等.宁波南沙港养殖水域沉积物-水界面氮磷营养盐的扩散通量［J］.农业环境科学学报，2010（12）：2 413-2 419.

刘靖雯，董双林.海藻的营养代谢和主要营养盐吸收动力学［J］.植物生理通讯，2001，37（4）：325-330.

刘永利，黄洪亮，张国胜，等.中国离岸深水网箱结构工艺的基础性研究现状［J］.海洋渔业，2007，29（3）：271-276.

毛玉泽，杨红生，王如才.大型藻类在综合海水养殖系统中的生物修复作用［J］.中国水产科学，2005（02）：79-86.

毛玉泽，叶乃好，王金叶，等.海带藻片对氮营养盐牺牲特性研究［C］//2008年中国水产学会学术年会论文集.西安，2008.

盛祖荫，孙龙.掩护海水养殖网箱的浮式防波堤的消浪特性［J］.中国水产科学，2001，8（4）：70-72.

石建高，王鲁民，徐君卓，等.深水网箱选址初步研究［J］.渔业信息与战略，2008，23（2）：9–12.

吴子岳，范狄庆. 深水网箱发展现状与水流影响初探［J］. 齐鲁渔业，2004（4）：5–8.

徐君卓. 深水网箱养鱼业的现状与发展趋势［J］. 海洋渔业，2004，26（3）：225–230.

袁军亭，周应祺. 深水网箱的分类及性能［J］. 上海海洋大学学报，2006，15（3）：350–358.

张起信，张启胜，刘光穆，等. 浅谈深海抗风浪网箱养鱼业［J］. 海洋科学，2007，31（3）：82–83.

Dupuy C, Vaquer A, Lam-Höai T, et al. Feeding rate of the oyster *Crassostrea gigas* in a natural planktonic community of the Mediterranean Thau Lagoon［J］. Marine Ecology Progress Series, 2000, 205: 171–184.

Frid C L J, Mercer T S. Environmental monitoring of caged fish farming in macrotidal environments［J］. Marine Pollution Bulletin, 1989, 20（8）：379–383.

Fujita R M. The role of N status in regulation transient ammonium uptake and N storage by macroalgae *Gracilaria temustipitata*. Journal of Experimental Marine Biology and Ecology, 1985, 92: 283–301.

Klaoudatos S D, Klaoudatos D S, Smith J, et al. Assessment of site specific benthic impact of floating cage farming in the eastern Hios island, Eastern Aegean Sea, Greece［J］. Journal of Experimental Marine Biology and Ecology, 2006, 338（1）：96–111.

Paul R, Teresa F. Management of environmental impacts of marine aquaculture in Europe［J］. Aquaculture, 2003, 226（1）：139–163.

Perez O M, Ross L G, Telfer T C, et al. Water quality requirements for marine fish cage site selection in Tenerife（Canary Islands）：Predictive modelling and analysis using GIS［J］. Aquaculture, 2003, 224（1–4）：51–68.

Porrello S, Tomassetti P, Manzueto L, et al. The influence of marine cages on the sediment chemistry in the Western Mediterranean Sea［J］. Aquaculture, 2005, 249（1–4）: 145–158.

Tian X, Li D, Dong S, Yan X, et al. An experimental study on closed–polyculture of penaeid shrimp with tilapia and constricted tagelus［J］. Aquaculture, 2001, 202（1）: 57–71.

Troell M, Halling C, Neori A, et al. Integrated mariculture: Asking the right questions, 2003, 226（1-4）: 69–90.

Xu D, Gao Z, Zhang X, et al. Evaluation of the potential role of the macroalga *Laminaria japonica* for alleviating coastal eutrophication［J］. Bioresource technology, 2011, 102（21）: 9 912–9 918.

毛玉泽

第三节　北方池塘多营养层次综合养殖

一、养殖种类的生物学特性及其生态习性

在北方池塘的IMTA系统中，充分利用了不同养殖生物间的互利关系，不仅注重不同营养级间的结合，也关注不同养殖空间的利用。将鱼、虾、蟹、贝、参等养殖品种的功能发挥到了极致。不同种类的生物学特性及其生态习性，决定了其在池塘IMTA系统中的功能。

（一）虾类

北方海水池塘养殖的虾类主要种类有中国对虾、凡纳滨对虾、日本对虾（*Penaeus japonicus*）、脊尾白虾（*Exopalaemon carinicauda*）等。

中国对虾，也称青虾、黄虾；原产黄渤海及东海北部，少量分布于广东珠江口至阳江；具有生长快、对盐度适应范围广、肉质鲜美等优点，是中国北方池塘的主要养殖品种之一。其最适生长水温为18℃～25℃，生存水温为8℃～35℃，8℃时停止摄食，4℃时开始死亡。其最适生长盐度为8～25，生存盐度为1～40。中国对虾食性广，摄食量大，比较偏爱蛋白质含量高、脂肪和糖类含量低的食物（麦贤杰等，2009）。

凡纳滨对虾，又称南美白对虾；原产美洲太平洋沿岸，是厄瓜多尔等美洲国家的主要养殖品种，为世界三大主要对虾养殖品种之一。它具有生命力强、适应性广，抗病力强、生长迅速、对饲料蛋白含量要求低、出肉率高、离水存活时间长等优点。凡纳滨对虾最适生长水温为23℃～32℃，生存水温为9℃～43.5℃，18℃时停止摄食，8℃时开始死亡。其最适生长盐度为10～25，生存盐度为0～40（闵信爱，2002）。凡纳滨对虾食性属杂食性，对动物性饵料的需求并不十分严格。饵料中蛋白质的比率占20%以上，即可正常生长。

日本对虾，又称竹节虾、斑节虾，在中国东海和南海均有分布。此种虾甲壳厚，个体相对较小，但是耐干露，易活体运输。其最适生长水温为18℃～28℃，生存水温为5℃～32℃，8℃时停止摄食，4℃时开始死亡。其最适生长盐度为24～30，生存盐度为7～35。日本对虾以动物性饵料为主，对饲料蛋白质要求较高，通常在42%以上。一般日本对虾白天潜伏在泥沙下1～3 cm，不活动，不摄食，夜间活动、摄食（尹向辉等，2002）。

脊尾白虾，又称小白虾。中国沿海均产，尤以黄海和渤海产量较多。脊尾白虾为广温、广盐种，一般生活在近岸盐度不超过29的海域或河口及半咸淡水域中，经过驯化也能生活在淡水中。脊尾白虾对环境的适应性强，水温在2℃～38℃范围内均能成活，在冬天低温时，有钻洞冬眠的习性。脊尾白虾的食性杂而广，对蛋白质含量要求不高，不论死、活、鲜、腐的动植物饲料，还是有机碎屑，它均能摄取，因此小鱼、小虾、豆饼、米糠等及低档颗粒饲料都可以投喂。脊尾白虾是对虾养殖池和海水鱼类养殖池中的重要副产品，产量可观。

（二）三疣梭子蟹

三疣梭子蟹（*Portunus trituberculatus*），又称梭子蟹、白蟹、膏蟹；分布于中国沿海，以及日本、朝鲜、马来群岛沿海和红海。三疣梭子蟹白天潜伏海底，夜间出来觅食并有明显的趋光性。潜入泥沙时，其身体常与池底呈15°～45°的交角，仅露出眼及触角。三疣梭子蟹无钻洞能力，池塘养殖不必设防逃设施。三疣梭子蟹的适宜水温为8℃～31℃，最适生长水温为15.5℃～26.0℃。水温在18℃以下时，其多潜伏在池塘边的沙堆里。三疣梭子蟹的适宜盐度为13～38，最适生长盐度为20～35。盐度低于8或高于38时，其停止摄食与活动。三疣梭子蟹生长适宜的pH为7.5～8.0，DO不能低于2 mg/L，COD不超过12 mg/L。三疣梭子蟹属于杂食性动物，喜欢摄食贝肉、鲜杂鱼、小杂虾等，也摄食水藻嫩芽、海生动物尸体以及腐烂的水生植物。不同生长阶段，其食性有所差异，在幼蟹阶段偏于杂食性，个体愈大愈趋向肉食性。通常白天摄食量少，傍晚和夜间大量摄食。但水温在10℃以下和32℃以上时，三疣梭子蟹停止摄食（程国宝等，2012）。

（三）贝类

中国北方池塘养殖的贝类种类较多，主要是营埋栖生活的双壳贝类，包括缢蛏、菲律宾蛤仔（*Ruditapes philippinarum*）、文蛤（*Meretrix meretrix*）等。但在IMTA系统中，海湾扇贝也可以作为重要的功能种类在池塘中进行养殖。埋栖型种类由于适应埋栖生活，体型、足部、贝壳和水管等均有不同程度的变化，一般具有发达的足和水管，依靠足的挖掘将身体的全部或前端埋在泥沙中，依靠身体后端水管纳进和排出海水，进行摄食、呼吸和排泄。这些贝类的取食方式均系滤食性。滤食性贝类分两类，一类是没有水管或具有短小水管，如扇贝，摄取海水中悬浮的饵料；另一类有较长的水管，如缢蛏，不仅可以摄取海水中悬浮的饵料，而且可以依靠进水管的延伸，把管口放置在周围的滩涂上，收集底栖小型藻类及沉淀下来的饵料。滤食的摄食方式决定了它们以缺乏或没有运动能力的生物为主要饵料，以硅藻、原生动物和单鞭毛藻数量最多；尤其是硅藻，在蛏类的饵料中约占85%。可见，硅藻是双壳贝类养殖的饵料基础。这些贝类滤食的饵料种类和数量有很大的地区性和季节性变化，这是因为贝类缺乏严格选择饵料的能力。因此，周围环境中硅藻繁殖的情况，在很大程度上左右着贝类胃中饵料的种类和数量。在贝类的池塘养殖过程中，越冬是一个限制因素。目前北方池塘中缢蛏养殖面积最大，主要原因是缢蛏可以安全越冬；而菲律宾蛤仔、文蛤、扇贝等种类仅在江苏南部可安全越冬，且越冬时对池塘水深要求较高。

（四）鱼类

基于合理利用养殖空间、养殖废物，控制疾病为目的，可以根据主要养殖品种的生物学特征，搭配一定量的鱼类形成IMTA池塘系统。在北方的IMTA池塘中一般人为搭配或自然搭配少量的花鲈、真鲷（*Pagrus major*）、黑鲷（*Acanthopagrus schlegelii*）、红鳍东方鲀（*Takifugu rubripes*）、虾虎鱼（*Mugilogobius* spp.）等肉食性鱼类。这些鱼类不但能吃掉与主要养殖种类争食的小杂鱼，而且还能吞食病虾等，从而减少疾病的链式传染。混养的鲻鱼（*Mugil cephalus*）、梭鱼和遮目鱼（*Chanos chanos*）等，能以养殖池内的底栖硅藻、有机碎屑、残饵，甚至粪便为食。

（五）海蜇

海蜇属腔肠动物门钵水母纲根口水母目根口水母科海蜇属，共有4个种，即海蜇、面海蜇、沙海蜇、黄斑海蜇。海蜇为雌雄异体，秋季成熟，营浮游生活，是暖水性大型水母，喜栖息在高温、低盐的海域，游泳能力差，只能随波逐流。其生活史较复杂，包括两个不同世代，即无性生殖世代和有性生殖世代的相互交替。海蜇一般生活在水深5~40 m区域，以10~20 m处分布较为密集。其适宜的水温一般为15℃~28℃，最适水温为24℃左右。适宜的盐度一般为10~35，最适盐度为14~20。海蜇对光线的反应较敏感，喜栖息于光照强度2 400 lx以下弱光环境。清晨、傍晚或阴天，其常漂浮于水面；而在强光照射下，或遇到大风、暴雨天，则下沉于水中。因此，养殖海蜇的池塘一般要求水深2 m以上。海蜇以微小浮游动物及其幼虫和硅藻，如纤毛虫、轮虫、桡足类等为主要食物（刘刚等，2010）。在已知的12 000多种腔肠动物中，海蜇是作为水产养殖对象的唯一一种。

（六）沉积食性种类

仿刺参（*Apostichopus japonicus*），北方俗称刺参、海参等，为棘皮动物门海参纲楯手目的重要经济种类。仿刺参属温带种，是一种最主要的食用海参，主要分布在北太平洋沿岸的近海，在中国分布在辽宁、河北、山东和江苏近海，日本、朝鲜半岛及俄罗斯远东地区沿海也有分布。仿刺参喜栖息于水流缓稳、海藻丰富的细沙底和岩礁底。夏季水温高时会夏眠。环境不适时有排脏现象。再生力很强。仿刺参的适宜水温为5℃～18℃，最适水温为10℃～17℃。17.5℃～19℃对成参的摄食和消化开始产生不利影响；超过20℃，幼参虽然不夏眠，摄食量仍然较大，但消化吸收率开始下降；超过23℃，其生长受到不利影响；超过30℃，体重呈下降趋势。仿刺参自然分布海域很少超过26℃。当水温低于3℃时，仿刺参摄食量减少，活动迟缓，逐渐处于半休眠状态。仿刺参的适宜盐度为26.2～39.3。仿刺参平时的饲养管理较为简单，其主要以浮游生物、底栖硅藻、有机碎屑为食，海水中的饵料生物基本能满足它们的生长需求。在浮游生物少的季节里，可投喂适量的饲料（杨红生等，2014）。

日本刺沙蚕（*Neanthes japonica*）广盐性，可生活于海水、半咸水。在中国，日本刺沙蚕主要分布于渤海、黄海、东海北部；常栖息于潮间带及潮下带浅水区的泥沙和软泥底，多钻入泥沙中穴居；或栖息于岩礁缝隙、砾石和贝壳夹缝内及植物丛生的海底。日本刺沙蚕白天多潜伏，夜间觅食，随涨落潮运动。其主要食物为藻类、小型动物、腐屑及动植物碎片。日本刺天蚕雌雄异体，体内受精，近1龄可达性成熟，生殖期4～5月（马建新和刘爱英，1998）。日本刺沙蚕作为一种天然的动物性饵料，在海水池塘食物链中占据中心环节。其生态分布、繁殖发育、摄食等习性非常适合养殖种类，特别是对虾养殖的需要，是对虾养殖中较理想的大型活体生物饵料品种。日本刺沙蚕在海水池塘中都是自然生长的，随池塘纳水进入，其既可作为优质生物饵料被对虾摄食，提高能量利用率，减少饵料投入，又可改良虾池底质，缓解养殖污染，具有明显的生态和经济效益。

二、选址，生态环境条件要求

（一）水源条件

选择水源充足、潮流畅通、无污染，水清、悬浮物少、交通便利的地方；海水水源应符合中华人民共和国国家标准《渔业水质标准》（GB 1607—89）的要求；盐度在20～32，pH为7.5～8.6。

（二）养殖池条件

养殖池条件要根据主要养殖种类确定，例如，养殖海参的池塘，水深要达到2 m以上，池塘底部要铺设参礁等养殖设施；养殖海蜇的池塘，不仅面积要大，水深最好在2 m以上或更深；养殖对虾的池塘则对水深要求不高。底质环境条件主要根据底栖种类的习性确定。养殖缢蛏等的池塘底质要求软泥底质；泥沙底质对菲律宾蛤仔、文蛤等埋栖型贝类比较适合。

池塘的进、排水渠道分开，避免养殖用水自身污染。池塘无渗漏，设进、排水闸门。进、排水要流畅，并且排水时能将池水彻底排干。有条件的地方可以建设生态养殖分级池塘，使养殖水经分级池塘中的不同养殖种类处理后排出。

三、池塘IMTA系统构建

池塘IMTA系统利用池塘适养生物间食物链和营养层级关系、生态位关系等将鱼、虾、贝、藻等养殖生物在池塘内进行科学合理的搭配，可以实现养殖水体时间、空间、食物资源以及其他生境要素的充分利用，达到最佳养殖效果；同时，还可以实现生态调控防病，降低养殖种类的疾病发生率，提高池塘养殖效率。如在主养对虾或鱼类的池塘中搭配滤食性鱼类和贝类，提高对池塘POM的利用过程，使主养动物的残饵、粪便及浮游生物被有效利用；通过搭配大型海藻，不仅主养动物的排泄物（尿）可以成为海藻的肥料，还可改善水质，减少污染物排放。目前，海水池塘IMTA生态养殖模式多以鱼、参综合养殖，鱼、虾综合养殖，虾、蟹、贝综合养殖，鱼、虾、蟹综合养殖等为主；养殖效果较为理想。

（一）虾类池塘IMTA系统

中国北方海水池塘养殖是从20世纪70年代末中国对虾的大规模养殖开始的，其间对虾池塘养殖经历了低密度养殖、对虾高密度养殖、两茬低密度养殖、多品种生态养殖的发展轨迹。其中，对虾和新对虾，如中国对虾、日本对虾、凡纳滨对虾、长毛对虾等是海水池塘养殖的主要品种。最早的海水池塘养殖是将野生虾苗与鱼类简单地混养在一起，鱼、虾产量均很低。20世纪70年代后随着对虾人工育苗技术和配合饲料技术的完善，精养和半精养模式迅速发展起来。对虾精养或半精养的特点是高密度放养人工繁殖的虾苗，大量投喂配合饲料，通过大量换水调节池塘水质；其产量较高，但对近海污染较严重。20世纪90年代后由于单养对虾流行性病害暴发和蔓延，海水IMTA池塘养殖开始受到重视。池塘IMTA在北方主要类型有主养对虾的IMTA模式、主养三疣梭子蟹的IMTA模式、主养海参的IMTA模式、多品种混养模式等。循着对虾养殖的发展轨迹可以发现，不同的养殖模式对海水池塘的生态效益起着决定性作用，而生态效益又对社会效益和经济效益产生影响，进而影响海水池塘养殖业的发展。

1. 海水池塘单养对虾的弊端

自1978年至1992年，中国的对虾养殖业持续快速发展。在1992年之前的几年，全国的对虾年产量稳定在20万吨左右，连续数年保持世界领先地位，养殖虾的出口创汇也保持了强劲的势头，同时带动了相关产业的发展，为中国沿海地区的经济发展做出了巨大的贡献。但是池塘单品种对虾养殖模式存在不少固有的缺陷。一是单品种、高密度的养殖方式过度强化了对虾单一生物因子，导致养虾池生态系物种组成的失衡，食物网结构畸形，虾池物质和能量的转化效率低下。据统计，中国传统型对虾养殖的饲料利用率仅为15%～20%，浪费了大量宝贵的蛋白资源（赵广苗，2006）。二是大量投入人工饲料，形成有机污染，而大量用药则严重影响了池塘中有益微生物的生长繁殖，使大量残饵和代谢废物等有机物不能被生物有效分解，沉积于池底或悬浮于水中，造成物质循环受阻，水体的有机耗氧量增加，DO下降，氨氮、亚硝酸盐和硫化氢等有毒物质增多，养虾池的水环境严重恶化。三是采用大排大灌式换水方法，加之沿海对虾养殖池的设置相对集中，使养殖海域的有机污染不断加剧，富营养化程度加重，物种多样性降低，水体的自净能力降低，造成赤潮频发。四是虾池与海域频繁的小水体交换使污染的海水成了病毒和细菌传播的媒介。以上各种因素综合作用，导致1993年暴发性流行病从南到北几乎毁灭性地打击了中国的整个对虾养殖业（刘晃，2005）。因此，单品种养殖模式的生态效应低下，经济和社会效益差，不是对虾养殖业可持续发展的方向。

2. 对虾池塘综合养殖模式

海水池塘主养对虾综合养殖模式是人为地将互惠互利的不同养殖品种按一定的数量关系在同一池塘中进行综合养殖的一种生产形式。它使池塘中各生态位和营养位均有适宜的养殖对象与之相对应，可合理调配养殖生态系统生物群落空间结构和层次，优化池塘生态结构、提高池塘内物种多样性等。养殖生态系统内各种动物通过食物网相互衔接，能充分利用养殖水体中的各种天然饵料资源或人工饲料，提高了养殖生态系统内物质和能量的利用效率。同时，动物的代谢产物被细菌分解，被光合生物吸收同化，既提高了池塘的初级生产力，又促进了池塘水环境的自身净化能力，防止了自身污染，有利于对虾等养殖生物生长速度的提高和抗病能力的增强。系统内各组分通过相互制约、转化、反馈等机制使能量和物质的循环保持相对的动态平衡，并具有较强的自身调节能力和抵御外来干扰的能力。这样，无须通过大换水等措施就可使虾池生态系统保持稳定，可以实行半封闭或全封闭养殖，从而阻断了养殖池塘与近海水域的水体直接交换，这对保护沿海的生态环境，防止海域的病原传入虾池，控制对虾流行性疾病的大规模发生和迅速蔓延都具有积极的意义。

（1）池塘鱼、虾综合养殖

在虾池中混养一种或几种不同食性和生活习性的鱼类，对改善虾池的生态环境具有积极意义。虾池中搭养少量的花鲈、真鲷、黑鲷、红鳍东方鲀、虾虎鱼、大黄鱼等肉食性鱼类，不但能吃掉与对虾争食的小杂鱼，而且还能吞食病虾，从而减少虾病的链式传染。混养的鲻鱼、梭鱼和遮目鱼，能以虾池内的底栖硅藻、有机碎屑、对虾残饵，甚至对虾粪便为食。搭配经海水驯化后的罗非鱼，不仅能有效利用虾池中的浮游生物，抑制原甲藻等较大藻类的过度繁殖，促进金藻、硅藻等较小型的有益藻类的繁殖，而且能吞食对虾残饵、腐屑和细菌等。鱼体表面能分泌一种或几种物质，可以抑制对虾病毒，防止虾病。因此，虾池混养鱼类对控制水质、促进水中氮、磷等营养物质的循环，阻断虾病蔓延等均具有良好的作用。但是，虾池混养鱼类并非越多越好，它们既有保护虾池生态系统和防止虾病等有利的一面，也有消耗对虾池中的饲料和占据空间等不利的一面。因此，应根据混养鱼类的生态习性适度搭配养殖，切不可有失偏颇，主次颠倒（赵广苗，2006）。

（2）虾、贝综合养殖

适宜于在对虾池进行综合养殖的贝类很多，主要有埋栖型的缢蛏、毛蚶、泥蚶（*Tegillarca granosa*）、菲律宾蛤仔等，还有附着或固着型的扇贝、贻贝和牡蛎等。各地可因地制宜，选择其中的一种或几种作为综合养殖品种。苗种来源方便，对虾池的水质和底质环境适宜的贝类均是可以选择的对象。贝类主要以小型浮游植物和悬浮有机碎屑为食，能防止虾池的有机物污染，保持水质稳定，提高虾池的能量转化效率。埋栖型贝类还能利用沉入水底的有机碎屑，从而使底质中的有机物含量减少，底质污染程度降低。并且，通过其足的埋栖运动和水管的进、出水运动，可以增强虾池底泥水界面的氧气通量，促进底泥中有机物的氧化和无机盐的释放，提高氮、磷的利用率（李国平和崔绍岩，1996）。目前，虾、贝综合养殖已在许多地方显示了显著的生态效益和经济效益。

（3）虾、参综合养殖

海参主要依靠其口、触手摄食池底表层中的硅藻、海藻碎片、原生动物、桡足类、虾和蟹蜕下的壳、有机碎屑、腐殖质及细菌等，往往是连同泥沙一起吞食，其摄食选择性差。将它混养在虾池中，可起到充分利用对虾残饵、清洁池底的作用。虾池养殖海参，可以提高虾池的物质利用率，改善池底的生态环境，大大提高池塘的养殖效益。但是在虾池内养殖海参，必须先对池塘进行改造，投放必要的隐蔽物和附着基，以利于海参的栖息生长。近几年，北方地区对原有虾池进行改造后养殖海参，取得了一些成功的经验，虾、参的综合养殖发展迅速，经济效益很高。可以肯定，利用虾池进行虾、参综合养殖，将是一个潜力大、具有发展前景的养殖模式。

（4）多品种综合养殖

虾池多品种综合养殖主要是以对虾为主，搭配养殖多种其他水生经济生物，国内有鱼–虾–贝、藻–虾–蟹–虾–鱼–贝–藻和参–贝–鱼–虾等各种综合养殖模式；国外有鱼、贝、藻综合养殖模式。结果表明，鱼类、贝类和海藻分别利用了饲料中氮源的26%、14.5%和22.44%，只有32.8%沉淀，而排入海域中的氮只占4.25%，氮的总利用率比单养对虾（20%左右）高出两倍以上，生态效益显著。多品种综合养殖充分利用了各种生物在空间分布（上层、中层、下层、底层）和食物网结构（动物食性、植物食性、杂食性及吞食性、滤食性、舔食性）上的互补性以及在能量和物质循环上的偶联性（胡海燕，2002）。它比双品种综合养殖更加优化了虾池的生物群落结构，进一步提高了虾池物质和能量的转化率，更有利于虾池生态环境的稳定，虾池的综合经济效益和生态效应更加显著。因此，这一模式将是对虾综合养殖今后的方向和发展趋势。

近年来，各地在发展和完善虾池综合养殖模式方面做了许多有益的尝试，在社会效益、生态效益、经济效益等方面均取得了较好的效果。目前，全国的虾池综合养殖面积已发展到20万公顷以上，养殖对虾的生态环境日益改善，虾池与海域的水交换明显减少，暴发性虾病有所控制，对虾产量逐年回升，充分显示了虾池综合养殖强大的生命力和广阔的发展前景。只要我们善于总结，勇于实践，就一定能探索出一套适合当地虾池环境特点的综合养殖模式，实现海水对虾池塘养殖业健康、持续和稳定发展的目标。

（二）三疣梭子蟹池塘综合养殖模式

（1）蟹、虾综合养殖模式

蟹、虾食性相近，都是动物性为主的杂食性。蟹类能捕食一些虾类不能利用的大型饵料，如锥螺、蛤仔等；虾类又能吃一些蟹类不能摄取的细小生物和饵料碎屑。虾、蟹搭配减少了残饵污染水质，饵料得到充分利用，有效地降低了饵料成本。三疣梭子蟹对温度、盐度的适应范围较广，对虾能够生长发育的环境条件，三疣梭子蟹同样能够生存。虾、蟹混养殖方法可以参照如下：在虾病以防为主的前提下，采取苗种一次投放，二次出虾，蟹苗二次扩大暂养，养殖前期和中期虾蟹同池分养，中期适时一次性出虾，中期和后期虾蟹同池混养的方法（陈伟杨和何杰，2008）。

（2）蟹、虾、贝综合养殖模式

蟹、虾、贝混养的原理：总的来说，蟹、虾、贝混养是利用它们生理、生态的不同特征进行养殖。三疣梭子蟹能翻扒池塘底部滩面，清除池塘中的松螺，而池塘底部污物经翻扒后进入水体成为藻类繁殖的营养源。三疣梭子蟹能摄食病弱对虾个体，有利于控制病毒传播；同时，改善对虾的底部栖息条件。菲律宾蛤仔等滤食性贝类能充分利用蟹、虾残饵和浮游生物、底栖生物，净化水质，达到互利的目的。此模式以三疣梭子蟹养殖为主，以日本对虾、凡纳滨对虾或脊尾白虾养殖为辅，以菲律宾蛤仔、缢蛏、泥蚶、文蛤、青蛤（*Cyclina sinensis*）、海湾扇贝底播为补充，分季节放苗，轮捕轮放，一年一茬脊尾白虾或凡纳滨对虾、两茬梭子蟹、两茬日本对虾和一茬贝类（周兴等，2010）。

（三）海参池塘综合养殖模式

刺参的池塘养殖已经成为刺参人工养殖最主要的方式。特别是20世纪90年代初对虾暴发疾病以来，废弃的虾池，经过改造用来养殖海参，对沿海的池塘养殖产业的恢复具有重要的意义。池塘所在海域潮流通畅,池底以硬泥沙或硬沙泥底质为好,水深在1.7 m以上,进、排水通畅,可迅速进行大排、大灌。内坝坡用石块、水泥板等加固处理,防止堤坝坝坡因常年池水冲荡而渗漏,同时,可以防止泥沙造成池水混浊。改造好的池塘要纳水浸泡冲刷两遍后再进水。刺参入池前施加营养盐培养底栖硅藻或施加发酵后的鸡粪繁殖基础饵料。苗种放养前池底及附着基表面要附有丰富的底栖硅藻,并有充足的富含有机质的海泥,为参苗提供饵料。放养参苗分为秋、春两季。秋季为10～11月末,投苗时间不要太迟,当水温降到7℃以下时不应再投苗,否则,导致越冬期参苗的死亡量加大。春季为3月末～5月,投苗时间不要太晚,当水温升到7℃时就应放养。养殖期依据池塘的条件及参苗的规格而定,依照轮养轮捕、捕大留小的原则。加强水质管理,经常对池内海水的盐度、温度、酸碱度、水色、透明度进行监测,进而合理调节水质。多数池塘养殖刺参很少投饵,主要是依靠换水带入天然饵料和有机碎屑供刺参为食。然而,相同的生长时间,投饵养殖的刺参比不投饵养殖的刺参体重增长幅度大。坚持巡池,及时捞取和清理池塘内生长的杂藻。一般来说,刺参的池塘养殖一个收获周期约为1.5年(任贻超,2012)。

实践证明,利用参池进行对虾与刺参综合养殖是可行的,效益显著。刺参经过18个月的养殖,可以达到商品规格,这时鲜参体重一般在100～200 g。收参时间应选择在池内没有对虾的季节,首先将池水排干,然后组织人员进池内采捕刺参,先从水浅处采捕,再向水深处采捕。采捕结束后立即向池内进水,恢复池内正常水位,保证余下刺参的成活。

(四)海蜇池塘综合养殖模式

海蜇池塘综合养殖模式是在同一池塘中进行海蜇、鱼、虾、贝等搭配养殖。通过施肥培养浮游生物,为海蜇和贝类提供饵料;鱼、虾的残饵及养殖生物排泄物促进了浮游生物的繁殖;贝类在滤食浮游植物的同时,也滤食水中的细菌和有机碎屑,有效净化了水质,改善了池塘的生态环境,在养殖环境内形成了良性循环。

老旧池塘需要提前清淤，清淤厚度不小于5 cm，清淤同时加固堤坝，维修闸门，修建蛏田。一般池塘四周为缢蛏养殖区，面积约为池塘面积的5%。为扩大缢蛏养殖面积，可以在滩面上用挖掘机修建条形缢蛏田，宽3～9 m，高出滩底50～60 cm，长度与池底相同，走向无特定要求，面积为池塘面积的10%。用20目网沿养殖池四周竖直设立挡网，挡网上沿要高于最高水位30 cm，下沿在排水后水面下20～30 cm，同时安装网目为60目的进水滤网和孔径0.5 cm的排水拦网等。基础建设工作完成后，进水清塘，肥水。待水肥后加水至养殖水位（牟均素等，2009）。

根据不同养殖种类的生物学特性和生产要求进行苗种放养。放养缢蛏一般在4月份前后，水温10℃～15℃；放苗面积为池塘面积的15%，每667 m² 投放壳长0.5～1.5 cm缢蛏苗50 kg；苗种要求规格均匀、贝壳坚实。根据鱼类的生长特性等因素，确定放养时间、密度、规格等。海蜇采取轮放轮捕的养殖方式，全年放养3茬：第1茬在5月中旬，放苗水温为15℃～18℃，透明度40 cm，每667 m² 放苗80头；第2茬在6月中下旬，每667 m² 放苗120头；第3茬在7月底～8月初，每667 m² 放苗100头。海蜇苗要求形体正常，体透明、不发乌，伞径5 cm以上（牟均素等，2009）。

四、经济效益、生态效益分析

北方池塘IMTA模式充分利用池塘有限的养殖空间与资源，将水体上层、中层、下层和底质空间充分利用起来，集成不同养殖生物的生物学特征和生态习性，有效利用饵料甚至养殖生物的粪便等有机成分，在获得产出的同时，实现了养殖环境的自我修复。目前来看，与单养相比，这种养殖模式可以不降低主养品种的养殖密度，即使在不分主次的养殖模式中，其产生的经济效益也非常可观，大大降低单养某些种类的养殖风险（王大鹏和韦嫔媛，2008）。因此，池塘IMTA模式的经济效益显著。

保证池塘IMTA模式的生态效益，往往要关注碳、氮、磷、硅等生源要素的流动规律。海水中的生源要素是海洋生物赖以生存的重要物质基础，对维持海洋生态平衡、修复失衡的海洋生态环境具有重要意义。能量流动和物质循环是生态系统中的重要过程，研究其转化规律对改造系统结构和功能从而提高生产力具有重要意义，也是该养殖系统的核心问题。在池塘IMTA生态系统中，人为引入饵料，而削弱了其他因子，强化了人工饵料–养殖生物这一物质循环和能量流动通道。由于主要养殖对象的高密度和投饵，水体和底质中的有机物提高，导致了细菌大量繁殖。为保持良好的池塘养殖环境，细菌作为分解者的功能被强化，其结果为水体中氮、磷等营养物质大量增加。这些营养物质一部分沉积矿化，另外一部分为浮游植物或底栖植物提供营养，使浮游植物或底栖植物大量繁殖。这些植物大量繁殖的结果，一方面为浮游动物或底栖动物提供食物；另一方面，这些植物的大量死亡增加了水体和底质中有机物的量，使之又进入诸如有机物和贝类、刺参、沙蚕等池塘养殖生物间的物质循环。另外，这些浮游植物的繁殖吸收了水体和底质中的营养盐，浮游动物或底栖动物（贝、参、沙蚕等）通过摄食这些植物得以生长。至此，不同的养殖生物在不同的途径完成了物质和能量的循环。目前对池塘养殖能流和物流的定量研究还比较薄弱。刘国才等研究了对虾养殖生态系浮游生物群落有机碳的代谢。刘国才等认为腐质碳–细菌–浮游动物微异养食物链在虾池养殖生态系有机碳代谢中的重要位置（刘国才等，2002）。周一兵对虾池生态系统能量收支和流动做了初步分析，证明虾池的能量收入大于支出，平均有24.5%的收入成为有机质沉积于池底（周一兵和刘亚军，2000）。可见，如何提高输入物质和能量的产出率，达到物质和能量收支平衡是对虾养殖生态系统亟须解决的重要问题。根据生源要素的流动规律，国内学者从生态环境保护和修复的角度出发，创建了以IMTA为特色的生态养殖模式和技术，利用养殖生物的生物学特点，人工干预形成稳定而科学的食物链，使池塘生源要素被循环利用并移出。这些模式和理念在国际上均具有先进性，一定程度上引领了相关研究的发展方向，对渔业产业和生态环境保护和修复贡献巨大。

发展池塘IMTA模式，提高产品质量和环境的修复能力。提倡不同营养层次多种类混养，增强生态互补互益效应，提高经济效益与生态效益。弃用和改造一些严重老化的池塘，恢复重建湿地生态系统，保护养殖生态环境。利用不同养殖品种的特点，合理搭配，调整池塘养殖结构，通过调控水质和建立生态防病技术，促进海水池塘养殖增长方式转变，为建立绿色可持续发展的养殖模式提供技术支撑。

参考文献

陈伟杨，何杰.蟹类养殖技术之四三疣梭子蟹健康养殖新模式［J］.中国水产，2008，（4）：389.

程国宝，史会来，楼宝，等.三疣梭子蟹生物学特性及繁养殖现状［J］.河北渔业，2012，（4）：59–61.

国家环境保护局.中华人民共和国国家标准：渔业水质标准（GB 1607—89）.北京：中国标准出版社，1990.

胡海燕.大型海藻和滤食性贝类在鱼类养殖系统中的生态效应［D］.青岛：中国科学院海洋研究所，2002.

李国平，崔绍岩.虾贝混养技术要点［J］.水产科学，1996（5）：37–37.

刘刚，丁丽，杨淑岭，等.海参海蜇池塘生态混养技术探索［J］.水产养殖，2010，31（10）：26–27.

刘国才，李德尚，董双林，等.对虾养殖围隔生态系浮游生物群落有机碳的代谢［J］.生态学杂志，2002，21（5），9–11.

刘晃.我国水产养殖工程的发展与展望［C］//全国水产学科前沿与发展战略研讨会，2005–04–23—25，青岛.

马建新，刘爱英.日本刺沙蚕的生态特性及在对虾养殖中的应用［J］.海洋科学，1998，22（3）：7–8.

麦贤杰，黄伟健，叶富良.对虾健康养殖学［M］.北京：海洋出版社，2009.

闵信爱.南美白对虾养殖技术［M］.北京：金盾出版社，2002.

牟均素，李志刚，关忠志，等.海蜇池塘立体生态养殖技术［J］.齐鲁渔业，2009，7.

任贻超.刺参（*Apostichopus japonicus* Selenka）养殖池塘不同混养模式生物沉积作用及其生态效应［D］.青岛：中国海洋大学，2012.

王大鹏，韦嫔媛.对虾池混养的生态学原理及现状［J］.广西水产科技，2008（1）：36-40.

杨红生，周毅，张涛.刺参生物学——理论与实践［M］.北京：科学出版社，2014.

尹向辉，程宝平，刘维宾.日本对虾养殖技术讲座（一）——日本对虾的生物学特征［J］.猪业观察，2002，（9）：18-18.

赵广苗.当前中国的海水池塘养殖模式及其发展趋势［J］.水产科技情报，2006，33（5）：206-207.

周兴，李继强，李德军，李平伦，战继蔼.虾蟹贝混养新模式研究［J］.中国水产，2010，（10）：47-48.

周一兵，刘亚军.虾池生态系能量收支和流动的初步分析［J］.生态学报，2000，20（3）：474-481.

房景辉

第四节　浙江池塘多营养层次综合养殖

一、浙江池塘IMTA系统中主要养殖种类的生物学特性及其生态习性

浙江池塘综合养殖主要种类包括虾、蟹、贝、鱼，常见贝和虾（蟹）搭配养殖或多元搭配养殖。养殖户因地制宜，根据池塘所处地理位置和条件合理搭配养殖物种，做到充分利用水体空间，提高营养物质利用率。

（一）浙江池塘养殖主要贝类

1. 泥蚶

（1）形态特征与自然分布

泥蚶，隶属于双壳纲蚶目蚶科泥蚶属，属于热带、亚热带及温带生物。蚶类广泛分布于印度洋和西太平洋沿岸滩涂；在中国主要分布于山东以南沿海各省，以浙江、福建、广东为主要自然分布区，是中国传统四大养殖贝类之一。

泥蚶贝壳极坚厚、卵圆形，两壳相等、相当膨胀（图3-4）。泥蚶个体较小，一般壳长3 cm左右，大者可达7 cm。

图3-4　泥蚶

（2）栖息环境与生态习性

泥蚶主要栖息分布于泥质或沙泥质潮间带滩涂，喜栖息在较为平静、有淡水注入的内湾及河口附近的软泥滩涂上，在中潮区和低潮区的结合部数量最多。泥蚶主要以硅藻和有机碎屑为食。泥蚶埋栖深度通常为4～5 cm。冬天及夏天高温期，其潜埋深度增加可达10 cm。

泥蚶是广盐性贝类，对环境的适应能力强。泥蚶可通过闭壳耐受短时间的极端盐度，其适应的盐度范围为10.4～32.5，幼贝的最适生长盐度为12.8～24.2；若海水盐度急降至5以下、时间超过3 d，蚶苗会发生大量死亡（王万东，2008）。

水温是影响泥蚶生命活动的重要原因之一。泥蚶在1℃～35℃海水中均能正常生活，成贝生长最适水温范围为15℃～28℃，稚贝、幼贝的最适生长水温为25℃～30℃。

（3）饵料生物与摄食行为

泥蚶营滤食性生活，摄食底栖硅藻为主，兼食浮游硅藻、有机碎屑。泥蚶无水管，以壳后缘在滩涂表面形成水孔与外界相通，依靠外套膜和鳃纤毛协作运动形成水流完成呼吸和摄食活动。泥蚶适应混浊海水能力强，可以通过滤食方式将浑水泥浆污物以假粪的形式排出。泥蚶在适温范围内，温度越高其摄食量越大，生长越快。

（4）生长与繁殖

泥蚶属于终生生长型贝类，也是一种慢生型贝类，1年生长不到总生长量的30%（尤仲杰等，2002），一般2年或3年才能达到商品规格，与文蛤和硬壳蛤（*Mercenaria mercenaria*）等帘蛤科种类相似，而与牡蛎科、扇贝科种类的生长相比要慢得多。大多数贝类在生长过程中均表现出壳长生长和体重增长不同步的现象，而泥蚶却表现出壳长生长和体重增长同步的现象，在4～9月份的繁殖期内不但体重增长迅速，而且壳长也明显增加。

泥蚶雌雄异体，性腺成熟时遍布于消化腺周围，根据外观颜色可以分辨雌雄：雌性呈橘红色，雄性呈浅黄色。泥蚶属于卵生型贝类，一般2

龄性成熟。泥蚶自然繁殖季节在中国沿海随地区而不同，一年一个繁殖周期。在山东至浙江沿海，泥蚶繁殖期为6月下旬至8月上旬；而在福建南部地区至广东沿海，其繁殖期为8月下旬至12月。

2. 缢蛏

（1）形态特征与自然分布

缢蛏，隶属于双壳纲帘蛤目蛏科缢蛏属。缢蛏广泛分布于西太平洋沿岸的中国、日本和朝鲜半岛等沿海，在中国北自辽宁、山东，南至广东、福建都有分布，是中国四大传统养殖贝类之一。

缢蛏贝壳呈长方形，薄而脆。两壳大小相同，且不能完全闭合（图3-5）。壳顶后缘有棕黑色纺锤状的韧带，连接两壳。壳表面具有黄褐色薄皮。自壳顶起斜向腹缘有一条微凹的斜沟，形似被绳勒过的痕迹，故得名缢蛏。

图3-5　缢蛏

（2）栖息环境与生态习性

缢蛏为埋栖型贝类，喜栖息在风浪小、水流畅通的内湾和河口处，中、低潮间带的软泥或泥沙底质最为适宜。成贝营穴居生活。洞穴与滩面呈垂直状态，深度可达50～70 cm，随潮水涨落在洞穴中作升降运动。正常情况下，缢蛏是定居不移的，但在不良环境或饵料不足的情况下，缢蛏也会"搬家"。

缢蛏为广温、广盐性种类。适应温度为0℃～39℃，最适生长水温为15℃～30℃。缢蛏生活在内湾或河口附近的海域，盐度变化较大。缢蛏适应盐度为4～29，最适盐度为16～26。

（3）饵料生物与摄食行为

缢蛏滤食海水中的单胞藻类，以浮游性弱、易下沉的浮游硅藻和底栖硅藻为主，也摄食有机碎屑和微生物。缢蛏以鳃纤毛打动产生水流，食物随海水从进水管进入外套腔，经鳃过滤，大小适宜的颗粒被运送进消化管。缢蛏摄食活动受潮汐限制，潮水漫过穴居洞口后才能进行。

（4）生长与繁殖

缢蛏生长速度较快。人工养殖的缢蛏1龄即可达到上市规格，体长4～5 cm。缢蛏满1龄后，体长生长明显下降，软体部的生长加快。冬季生长缓慢，春季生长速度加快，夏季是最佳生长季节，秋季又缓慢下来。5～7月贝壳生长最快，7～9月软体部生长最快。

缢蛏为雌雄异体，1龄性成熟，在外观上区别不出雌、雄，而在性成熟时雌性生殖腺呈米黄色，雄性生殖腺呈乳白色。性比近于1∶1。缢蛏繁殖季节因地区不同而存在时间差异，中国北方的比南方的早。在辽宁沿海缢蛏的繁殖季节是6～8月；在山东沿海是8～10月，盛期为9月；而在浙江、福建沿海，缢蛏繁殖期为9～11月，盛期为10月。

3. 青蛤

（1）形态特征与自然分布

青蛤隶属于双壳纲异齿亚纲帘蛤目帘蛤科青蛤属。青蛤主要分布于中国南北沿海，以及日本本州以南和朝鲜半岛沿海。生活于沙泥质或泥沙质的潮间带，且以高潮区的中、下部和有淡水流入的河口附近为多。

贝壳近圆形，壳质薄而坚、两壳相等（图3-6）。壳顶突出，尖端弯向前方。壳面同心生长纹明显，无放射肋。

图3-6　青蛤

（2）栖息环境与生态习性

青蛤适应性强，对底质要求较低，沙、泥都能生长。青蛤埋栖深度与个体大小、季节及底质有关。幼贝埋栖深度较浅，成贝埋栖深度较深，最深可达15 cm。

青蛤对水温、盐度的适应能力较强。生存水温为0℃～30℃，最适生长水温为22℃～30℃。青蛤适宜的海水盐度为15～30，最适盐度范围为20～25。

（3）饵料生物与摄食行为

青蛤滤食海水中的单细胞藻类，以硅藻为主，也摄食有机碎屑、微小型浮游动物及微生物。

（4）生长与繁殖

青蛤生长速度与季节、个体大小及生活环境有密切关系。稚贝和幼贝时期生长较快，以后随个体变大而减慢。1龄贝最大壳长可达2.5 cm，2龄可达3～4 cm。

青蛤为雌雄异体，1龄性成熟，生殖腺成熟时，精巢为乳白色至乳黄色，卵巢为粉红色。浙江、江苏沿海青蛤繁殖期在6～9月，以7月至8月中上旬为繁殖盛期。

（二）浙江池塘养殖虾蟹主要种类

1. 凡纳滨对虾

（1）形态特征与自然分布

凡纳滨对虾隶属软甲纲十足目对虾科对虾属，主要自然分布于秘鲁南部至墨西哥桑诺拉（Sonora）沿海一带。

凡纳滨对虾甲壳较薄，正常体色为青蓝色或浅青灰色，全身不具斑纹（图3-7）。头胸甲短，与腹部长度之比为1：3。额角稍向下弯；侧沟短，止于胃上刺下方。第1～3对步足的上肢十分发达，第4～5对步足无上肢，第5对步足具有雏形外肢。尾节具中央沟。

图3-7　凡纳滨对虾

（2）栖息环境与生态习性

成虾多生活于沿岸水域，幼虾则喜欢在饵料生物丰富的河口地区觅食生长。养殖对虾白天一般都静伏池底，夜晚活动频繁。

凡纳滨对虾对环境适应能力较强，在保持体表湿润的情况下，离水可存活24 h以上。凡纳滨对虾最适生长水温为23℃～32℃；对高温的忍受极限可达43.5℃，但对低温的适应能力差，水温低于18℃时，基本停止摄食活动。其对盐度适应范围很广，在0～40盐度范围内皆可正常生长，最适生长盐度范围为10～25。此外，凡纳滨对虾对低氧和饥饿耐受能力也很突出，其能忍受的最低DO为1.2 mg/L，并且可以在完全停食的情况下存活30 d左右。

（3）饵料生物与摄食行为

凡纳滨对虾为杂食性，偏动物性，在自然环境中多以小型甲壳类等生物为食。在人工养殖环境中，凡纳滨对虾也摄食养殖水体中的有机碎屑；对人工饲料的固化率要求较高，但对蛋白质的需求不高，饲料蛋白含量20%以上即可满足正常生长。

（4）生长与繁殖

凡纳滨对虾生长要经过多次蜕壳。幼苗阶段，水温在28℃时，每30～40 h蜕壳1次，数小时内新壳变硬；成虾阶段则每20 d左右蜕壳1次，新壳1～2 d变硬。在水温25℃～32℃，合理确定放养量和饲料充足的条件下，幼虾经过70～80 d养殖，体质量可达15～20 g。

由于凡纳滨对虾为开放性纳精囊，其繁殖特点是雌、雄亲虾性腺发育成熟后才交配，完成交配后数小时即产卵受精。产卵时间一般在21：00～3：00。

2. 脊尾白虾

（1）形态特征与自然分布

脊尾白虾，隶属于软甲纲十足目长臂虾科白虾属，分布于中国大陆沿岸和朝鲜半岛西岸的浅海低盐水域，以渤海和黄海产量最大。其肉质细嫩、味道鲜美，高蛋白、低脂肪、富含无机盐。

脊尾白虾体长5～9 cm，额角侧扁、细长，基部1/3具鸡冠状隆起，上缘具6～9枚齿，下缘具3～6枚齿（图3-8）。尾节末端尖细，呈刺状。体透明，微带蓝色或红色小斑点，腹部各节后缘颜色较深；死后体呈白色。

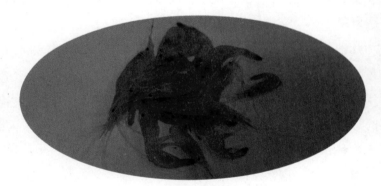

图3-8　脊尾白虾

（2）栖息环境与生态习性

脊尾白虾一般生活于近岸或河口附近的咸淡水中，喜泥沙底质。其对环境的适应性强，能在2℃～38℃的水温范围内生活，最适生长温度为27℃～29℃；最适生长盐度为22～28，逐级淡化后可在淡水中养殖。脊尾白虾能在pH为4.8～10.5的水环境中正常生活，最适pH为7.9～8.6。其耐低氧，当水中溶解氧为1 mg/L时仍活动正常，但当低于0.8 mg/L时开始浮头向岸边游爬。

（3）饵料生物与摄食行为

脊尾白虾为杂食性虾类。幼仔虾阶段以浮游植物、有机碎屑为食；成虾阶段以浮游植物、浮游动物、有机碎屑为食。在人工养殖条件下，脊尾白虾既摄食植物性饵料，也吃动物性饵料，以及人工配合饵料，但单纯投喂植物性饵料，其生长速度明显低于投喂动物性饵料和人工配合饵料。

（4）生长与繁殖

脊尾白虾繁殖期较长，在江苏以南沿海一般为3～11月，在北方沿海为4～10月，繁殖盛期在5~8月。脊尾白虾抱卵量与个体大小成正比，个体抱卵量在440～6 000粒，一般为1 500～2 000粒。因水温、盐度的不同，孵化时间10～21 d不等。饵料充足时，孵化后蚤状幼体在50～70 d内即可长到4～6 cm的成体，大部分个体可达性成熟，出现抱卵虾。抱卵雌体经孵化后，在环境稳定、饵料丰富的情况下，约经3 d可再次蜕皮、交尾、产卵，进行多次繁殖。

在浙江池塘养殖过程中，养殖户一般不会将脊尾白虾全部收获，会留下少量虾作为亲虾（种虾）继续培养，直至其产卵。由于其生长速度较快，每年可收获2～3批脊尾白虾。这种池塘留种自繁技术，是浙江海水池塘养殖的特色之一。

3. 三疣梭子蟹

（1）形态特征与自然分布

三疣梭子蟹属软甲纲十足目梭子蟹科梭子蟹属，广泛分布于中国山东半岛及以南沿海，以及日本、朝鲜半岛、马来西亚群岛沿海和红海等水域。

三疣梭子蟹体躯由头胸部和腹部组成（图3-9）。头胸甲呈梭形，稍隆起，表面具有分散的细小颗粒。疣状突起共有3个，胃区1个，心区2个。螯足发达，长节呈棱柱形，掌节在雄性甚长，背面两隆脊的前端各具一刺，外基角具一刺。可动指背面具2条隆线，不动指外面中部有一沟。两指内缘均具钝齿。

图3-9　三疣梭子蟹

（2）栖息环境与生态习性

三疣梭子蟹生长活动地区随季节变化及个体大小而有不同，具有生殖洄游和越冬洄游的习性常成群洄游。春、夏期间（4～9月），三疣梭子蟹常在3～5 m深的浅海，尤其是在港湾或河口附近产卵；冬季，其移居到10～30 m深的海底泥沙里越冬。三疣梭子蟹白天潜伏于海底，夜间出来觅食并有明显的趋光性。三疣梭子蟹有潜沙能力、但无钻凿洞穴能力，池塘养殖不必设防逃设施。三疣梭子蟹的适宜水温为8℃～31℃，最适生长水温为15.5℃～26.0℃；适应盐度为13～38，最适生长盐度为20～35。三疣梭子蟹生长适宜的pH为7.5～8.0。

（3）饵料生物与摄食行为

三疣梭子蟹属于杂食性动物，以动物性饵料为主，摄食小型鱼、虾、贝等。此外，也摄食动物尸体和幼嫩海藻。螯足捕获食物后送至口边，在第二步足指尖捧托下，将食物送至第二颚足把持，由大颚切碎和磨碎，第一和第二颚足护住小型食物，以防流失。三疣梭子蟹栖息于水深10～30 m的泥沙质海底，常隐藏在一些障碍物旁边或潜沙避敌。

（4）生长与繁殖

三疣梭子蟹雌雄异体，雌蟹个体大于雄蟹，一般寿命为2年，极少超过3年。产卵繁殖的群体主要由1～2年生的亲蟹组成。雌性产卵孵化结束后即死亡。部分雄性经过2～3 d交配后死亡。交配季节随地区以及个体年龄而有不同。在渤海和黄海，7～8月为越年蟹交配的盛期，9～10月为当年蟹交配的盛期；在东海，交配期为7～11月，以9～10月为盛期。卵的颜色开始为浅黄色，随胚胎发育逐渐变成橘黄色、褐色，最后变成灰黑色、黑色，共约经20 d的发育，形成卵内最后一期蚤状幼体，然后孵化出膜。一个产卵期内，三疣梭子蟹可排卵1～3次，属多次排卵类型。

4. 拟穴青蟹

（1）形态特征与自然分布

拟穴青蟹（*Scylla serrata*）隶属于软甲纲十足目梭子蟹科青蟹属。拟穴青蟹是温暖海域沿岸生活的蟹类，广泛分布于印度–西太平洋，包括中国、日本、东南亚、印度、东非、南非、大洋洲等地沿海。在中国广泛分布于广东、广西、海南、福建、台湾、浙江、江苏等东南沿海地区。

拟穴青蟹因其头胸甲背为青绿色、前侧缘的侧齿状似锯齿而曾得名锯缘青蟹（图3-10）。青蟹体躯分为头胸部和腹部。其背腹均被甲壳所盖。背面称头胸甲，呈扇形，稍隆起且光滑，但中央有明显的H形凹痕。胸面称胸板，呈灰白色，其中央向后凹陷呈沟状，称腹沟，腹部即盖其上。

图3-10　拟穴青蟹

（2）栖息环境与生态习性

拟穴青蟹生活于浅海及潮间带，多栖息在泥沙底质和有海草而低洼的水坑，以及红树根基等有掩蔽物的地方。其多在夜间活动，白天多潜伏穴居；但在人工养殖情况下，白天也出来活动觅食。拟穴青蟹还有藏积食物过冬的习性。拟穴青蟹有弃肢保身的习性，如遇险情，它会断弃附肢逃走。游泳时其靠游泳足不断运动，行走时靠3对步足横行。

拟穴青蟹对盐度适应范围较广，生长适应盐度为5~32，最适生长盐度为12~16。盐度降到5以下，拟穴青蟹常挖洞穴居。拟穴青蟹不同地理种群，对水温的适应范围有差异。在广东北部及以北海域，拟穴青蟹生长水温为5℃~35℃，最适生长水温为18℃~25℃；在广西沿海，拟穴青蟹生长水温为14℃~30℃，最适生长水温为20℃~26℃。

（3）饵料生物与摄食行为

青蟹以肉食为主，常以小鱼、小虾、贝类及其他动物尸体为食物，在饥饿时也食海藻及有机碎屑。

（4）生长与繁殖

青蟹在一生中要经过多次蜕壳，蜕壳后体躯才能增大，每蜕一次壳，甲壳可增长0.3~1.0 cm，增宽0.4~1.2 cm。在广西沿海青蟹蜕壳生长集中在4~6月和9~11月，一般多在大潮期的晚间或早晨进行，每次蜕壳需10~15 min，若受惊扰就会延长蜕壳时间，甚至蜕不出壳而死亡。50 g以下的幼蟹养殖5个月左右，体重可达200 g以上；100~150 g的青蟹养殖3个月，体重可达300 g以上。

（三）浙江池塘养殖主要鱼类

1.鲻鱼

（1）形态特征与自然分布

鲻鱼（*Mugil cephalus*）隶属于辐鳍鱼纲鲻形目鲻科鲻属。鲻鱼分布非常广泛，在太平洋、印度洋、大西洋、地中海、黑海等温带、亚热带和热带近岸水域中均有分布。在中国南起海南岛海域，北至辽宁丹东海域均有分布，尤其是内湾盐度较低的咸淡水水域数量为多。

鲻鱼体长纺锤形，前部似圆柱形，后部侧扁（图3-11）。吻短钝，眼中等大，眼间宽。体被弱栉鳞，头部被圆鳞，胸鳍基部及第一背鳍与腹鳍基部的两侧各具一长尖腋鳞。无侧线，尾鳍叉形，叉度较大。头部及体侧

背方呈青灰色，体侧下方及腹面银白色，体侧上半部有几条暗色纵带。胸鳍基部有一黑色斑块。

图3-11　鲻鱼

（2）栖息环境与生态习性

鲻鱼为温带、亚热带和热带浅海上、中层鱼类。喜栖息于近岸沿海、浅海湾和江河入口咸淡水水域。鲻鱼为广温、广盐性鱼类，其生活温度为3℃～35℃，最适生长温度为12℃～32℃。鲻鱼在海水、咸淡水和纯淡水中均能生活。从养殖经济效益角度来说，半咸水养殖池更适宜，生长快，产量高，且味道更加鲜美。

（3）饵料生物与摄食行为

鲻鱼食性很广，属杂食性鱼类，以滤食浮游生物和刮食沉积在泥表的生物为主，主要有硅藻、有机碎屑、丝状藻类、桡足类、多毛类，也摄食小虾和小型软体动物。

（4）生长与繁殖

鲻鱼在不同地区、不同水域生长速度不同。人工养殖的鲻鱼生长要比自然海域的快。尤其是在咸淡水鱼塘其生长甚快，在广东，当年春天人工苗种养殖到年底一般可长到体重0.5～0.6 kg，个别可长到0.75 kg。

鲻鱼为雌雄异体，非繁殖期外观上无明显差别。鲻鱼性成熟的年龄与温度有密切关系。一般水温高的水域，鲻鱼成熟早些，雄鱼2～3龄，雌鱼为3～5龄，体长300～500 mm。在广东、福建的鲻鱼的产卵期为11月至翌年1月。天然鲻鱼产卵多数在夜间，人们不易观察到。

2. 黑鲷

（1）形态特征与自然分布

黑鲷属于辐鳍鱼纲鲈形目鲷科棘鲷属，广泛分布于中国、日本、朝鲜半岛沿海。

黑鲷侧扁，侧面观呈长椭圆形（图3-12）。头大，前端钝尖，背面狭窄且倾斜度大。上、下颌等长。体被弱栉鳞。背鳍棘强硬，臀鳍第二棘强大。体青灰色，具银色光泽，体侧通常有黑色横带7条。

图3-12 黑鲷

（2）栖息环境与生态习性

黑鲷为浅海底层鱼类，喜栖息在沙泥底或多岩礁的沿岸海域，一般栖息水深约50 m。春、夏栖息于岸边，秋、冬水温降低则移栖于较深水处，一般不进行远距离洄游。

黑鲷是广盐性鱼类，将蓄养在海水中的黑鲷逐渐淡化可移至淡水中养殖。黑鲷也是一种广温性鱼类，生长温度为3.4℃～35.5℃，最适生长海水温度为12℃～28℃。在长江以南浙江、福建等地，黑鲷均可安全越冬。

（3）饵料生物与摄食行为

黑鲷为杂食性鱼类，以蛤类、鱼、虾为主食，也大量吞食沙蚕、小蟹等底栖动物。在养殖条件下则大量吞噬蓝蛤、小型虾虎鱼。养殖一般投喂小杂鱼和配合饲料。

（4）生长与繁殖

黑鲷生长快速，自然海域天然苗种在6月至11月，体长可从10 mm长至100 mm。人工养殖由于饵料充足，生长速度会更快，经5个月饲养，平均体长可达120 mm，体重大于50 g。

黑鲷具有性逆转现象。黑鲷的生殖季节为4月初至5月底，水温在14℃～20℃左右，以4月中旬至5月上旬为最盛。一般体重达1 kg的2～3龄鱼即可达到性成熟。黑鲷为分批产卵类型，怀卵量与年龄和体重有关。

二、养殖池塘的建造

浙江养殖池塘一般可分为2种。一种是传统的土池：利用挖掘机等机械在平坦地面向下深挖，利用泥土在四周建造堤坝，一般为长方形。目前大多数养殖户采用此种池塘进行综合养殖。另外一种在土池的基础上，利用水泥等材料对池塘底部、堤坝进行加固，并在池塘上方建设温室，用以提高池塘水温。该方式工程量较大，投入较高，主要开展对虾、鱼类集约化养殖。由于底部为水泥，无法为底栖生物提供栖息环境，所以温室水泥池塘主要以精养为主。

（一）场址选择

池塘位置的选择十分关键，不仅应考虑周边的自然的环境，电力供给、道路交通也是十分重要的因素。池塘应选择在海水来源方便、交换量大，风浪较小的海边；应远离工业、农业和生活污染区，如化工厂、制药厂、造纸厂等。水源水质应符合海水养殖用水质量相关标准。

建造池塘的地方，以地面开阔、地势平坦为宜，有利于工程设计和施工，同时方便管理，能提高土地利用率，节省建设成本。

（二）养殖池塘的设计与建造

养殖池塘由堤坝、滩面、环沟或中央沟、进水闸及排水闸等组成。池塘面积的大小根据养殖方式而定，粗放式养殖面积可大些，半精养池塘面积小些，一般以0.5～2 hm²为宜。池内滩面较堤坝低1.2～1.5 m，环沟或中心沟较涂面低0.4～0.6 m。

养殖池塘以长方形为好，长边与养殖季节主导风向平行（图3-13）。养殖池塘的池堤用来分隔水面，保持养殖水位。养殖池塘的池底由滩与沟组成。根据池塘大小，距离池堤1～5 m处开挖环沟，沟深0.5～1 m，沟宽2～5 m。较大池塘除设环沟外，还应设中央沟与支沟，中央沟与闸门相通；较小的池塘可仅设中央沟。平整池底，建2～5 m宽的埕面，埕面积一般为池塘面积的25%～35%。两埕间开挖宽0.5～1.0 m、深0.2 m左右的浅沟。各个池塘的进、排水闸设在短边的池壁上，一端进水，另一端排水；中央沟通进、排水口。小型池塘可考虑用管道进排水，节约成本。

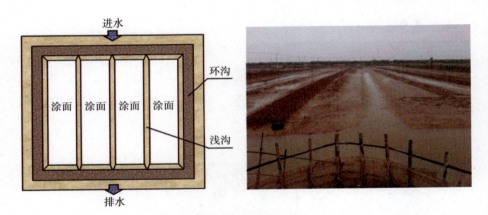

图3-13　池塘示意图

（三）配套供电、供气设备设施

1. 供电系统

供电系统要做到安全、可靠、优质和经济4个方面。池塘应选在电网覆盖区域，便于取电。池塘供电主要用于池塘增氧设备和进、排水设备。水体DO对于养殖生物至关重要，短时间缺氧就可能导致养殖生物大量死亡，造成重大经济损失。为防止此类事件发生，应根据池塘用电情况配备发电设备。常用发电设备主要是柴油（汽油）发电机。发生停电时，将发电机接入电路进行供电。

2. 增氧系统

近年来，人工增氧在水产养殖过程中应用十分普遍，是池塘养殖系统必不可少的一部分。随着养殖生物密度的不断提高，人工增氧是维持水体DO的主要手段。

增氧方式可简单分为化学法增氧和物理法增氧。化学法增氧主要是利用化学试剂在水中发生化学反应，增加DO浓度。该方法见效快，效果好，适合应急使用。由于其成本较高，不适合作为常规增氧方法。物理法增氧主要利用设备向水中注入空气（氧气）或搅动水体增加DO。目前使用较多的包括水车式增氧机和管道增氧。

水车式增氧机（图3-14）利用叶轮搅动水体，增加水体与空气接触面积，从而增加水体DO含量。由于叶轮的搅动，池塘水体会产生环流，环流会将水体中养殖生物的粪便、残饵汇聚到池塘中心位置，并通过位于中心的排污口排出池塘。在池塘使用益生菌、水质改良剂时，开启水车式增氧机可以帮助其迅速均匀地扩散到整个池塘。在投饵时，应该关闭增氧机，避免影响养殖生物摄食活动。

图3-14 水车式增氧机

管道增氧利用预设管道将空气输送至水体中，增加水体DO。管道增氧系统一般由供气部分和管道部分构成。供气一般选用罗茨鼓风机，根据供氧面积选择合适的功率型号；管道一般选用PVC塑料管和微孔曝气管构成，PVC塑料管用于空气的输送，微孔曝气管将空气均匀地扩散在水中（图3-15）。管道增氧使水体底部到表层均可获得氧气补充，但由于管道位于水中，易被附着生物堵塞，需定时清理。

图3-15　管道增氧系统

三、综合养殖系统构建

IMTA具有资源利用率高、环保、产品丰富以及防病等优点，是一种可持续的、环境友好的养殖模式。IMTA充分利用了生态学原理，根据不同生物的生态位、营养级、食性等差异，调节水体生态系统中的物质循环和能量流动，从而提高生态系统中的物质和能量的利用率，达到资源利用最大化的目的。

在浙江，当地养殖品种与引进品种进行了有机融合，结合养殖品种的养殖时间、空间及当地气候特点等因素，逐渐形成了地方特色鲜明的IMTA系统。

（一）养殖物种搭配原则

养殖生物或系统功能互补：水产养殖生物可分为投喂性养殖种类（鱼、虾、蟹等）和获取性养殖种类（滤食性贝类、大型海藻等）。在虾-贝混养系统中，虾通过投喂饲料获取食物，虾排泄的粪便及过量的饵料经过各种理化作用被分解为各种营养物质，被水体中进行光合作用的浮游植物吸收。而这些浮游植物又被贝类滤食，达到养殖水体中营养物质循环利用的目的。

空间搭配：将池塘简单分为3个部分——水体、底质表层、底质。为了达到充分利用养殖空间的目的，根据养殖生物的特性在池塘的这3个部分分别选取不同的养殖生物。水体中可选择鱼类、虾类及吊笼养殖的贝类；底质表层可养蟹类；底质中可选择埋栖型贝类。

（二）浙江综合养殖模式

1. 围网模式

围网模式是将互相干扰的几种养殖生物利用物理方法隔离开，水体在各个围隔内仍然可以交换，达到营养物质可以被重复利用的目的。池塘建设参照本节"养殖池塘的设计与建造"部分。

以泥蚶、对虾、青蟹综合养殖模式为例：

3月下旬~5月上旬，在池塘滩面播撒泥蚶中培苗种，规格约每500 g 100~130粒，养殖密度为300粒/平方米，泥蚶养殖面积控制在池塘总面积的25%~30%。利用围网将泥蚶养殖区隔离，防止青蟹进入摄食泥蚶。围网孔径1~2 cm。

6~7月，在环沟或中央沟放养凡纳滨对虾和青蟹。凡纳滨对虾规格为体长1~2 cm，放养密度为2万~4万尾/亩[①]；青蟹规格为15~50 g，放养密度为每亩1 000~1 500只。

对虾养殖3~4个月即可达商品规格，青蟹可在翌年5~6月份达到商品规格，泥蚶可在翌年3~4月份达商品规格。

2. 底铺网技术

底铺网技术主要用于缢蛏养殖。缢蛏埋栖深度较大，收获人工成本较高。底铺网技术大大提高了单人缢蛏采捕效率，1人1天可采捕150~250 kg缢蛏。缢蛏回捕率也高达98%。底铺网技术有效降低了缢蛏采捕人工成本，增加了效益。

排干塘内积水，清除涂面污泥、杂质，涂面翻耕20~25 cm，经霜冻和暴晒，使泥土疏松。

---

① "亩"为非法定单位，但在实际生产中经常使用，本书保留。1亩≈667平方米。

在蛏畦位置的涂面上开挖深30 cm左右、宽4.0～4.5 m的沟。沟底平整，铺上与沟等宽的厚实薄膜或鳗苗网（60目左右尼龙筛绢网），膜上回填40 cm泥土做成蛏畦，畦面宽3.5～4.0 m（图3-16）。

将建好的畦面耙细、耙烂、梳匀涂泥，使涂质细腻柔软。

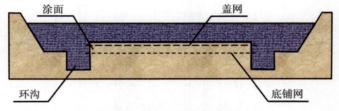

图3-16　底铺网示意图（立面图）

该技术操作简单，效果显著。首先，将池塘滩面整平（可利用挖掘机等机械进行处理），在滩面铺设孔径约0.5 cm左右的塑料筛绢网。然后在网片上铺40～50 cm厚的泥土。最后将滩面整平，缢蛏苗播撒在滩面即可。底铺网寿命一般在4～5年。

四、经济效益、生态效益分析

（一）经济效益

影响养殖户经济效益的因素主要包括两方面：一是水产品的产量，即养殖风险；二是水产品的市场价格，即市场风险。这两个是养殖户首要面临的风险。综合养殖由于养殖种类多，且具有一定互补作用，养殖风险相对于单一品种养殖要小。不同养殖品种搭配，可以有效提高饲料利用率，降低养殖成本。养殖户面临的市场风险是水产品未来市场价格的不确定性对实现养殖既定目标的影响。综合养殖中由于不同养殖品种养殖时间的差异，可以根据市场情况做出改变，灵活搭配养殖品种。

1. 案例1

地点：浙江宁波。

池塘面积：约13 333 m²。

养殖方式：环沟放养脊尾白虾、青蟹和三疣梭子蟹；中间滩面放养泥蚶，四周围网以防青蟹和三疣梭子蟹捕食；高出的垄则用于养殖缢蛏，表面覆网以防青蟹和三疣梭子蟹捕食（图3-17）。

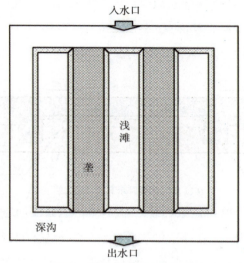

图3-17　养殖户池塘示意图

本案例中养殖户的成本和收入（以2013年为例）见表3-2和表3-3。

表3-2　2013年20亩池塘的养殖成本

	池塘租金	苗种	饵料	人工	清塘	其他	共计
金额/万元	3.4	5	5	2.5	0.05	1	约17

注：2013年泥蚶市场行情不好，养殖户并未将成品泥蚶卖出，人工费只是缢蛏和菲律宾蛤仔的采捕费。

表3-3　2013年20亩池塘的养殖收入

	缢蛏	菲律宾蛤仔	青蟹	三疣梭子蟹	脊尾白虾	泥蚶	共计
金额/万元	12.5	2.5	5.5	4.5	6.5	未卖	31.5

该养殖户2013年销售额为31.5万元，池塘管理各项开支总和为17万元，得到该养殖户此池塘获得利润14.5万元。

2. 案例2

地点：浙江台州。

池塘面积：26亩。

养殖方式：环沟放养脊尾白虾、青蟹；中间滩面放养泥蚶，四周围网以防青蟹捕食；高出的垄则用于养殖缢蛏，表面覆网以防青蟹捕食。2015年3月上旬，放养脊尾白虾种虾5 kg；3月下旬，放养缢蛏苗种约100万颗，400斤；4月初，放养泥蚶苗种100万颗，2 000斤；4月上旬，放养青蟹苗种3万只。

本案例中养殖户的成本和收入（以2015年为例）见表3-4和表3-5。

表3-4　2013年20亩池塘的养殖成本

	池塘租金	苗种	饵料	人工	清塘	其他	共计
金额/万元	7.5	5.7	6	2.5	0.4	1	15.6

表3-5　2013年20亩池塘的养殖收入

	缢蛏	青蟹	脊尾白虾	泥蚶	共计
金额/万元	10	10	8	8	36

该养殖户2015年销售额为36万元，池塘管理各项开支总和为15.6万元，得到该养殖户此池塘获得利润20.4万元。

（二）生态效益

综合养殖可以有效提高养殖池塘生态系统氮、磷利用率，有效减少养殖肥水对周边环境的污染。在凡纳滨对虾、泥蚶混养实验中，氮、磷利用率分别为23.88%～26.32%和15.03%～16.57%，而通常单养对虾的氮、磷利用率仅为14.5%～28.7%和7.4%～16.5%。在虾、鱼、贝混养实验中，将中国对虾、台湾红罗非鱼、缢蛏和海湾扇贝按不同比例混养，结果显示所有混养组合均好于单个品种养殖，效果最好的是虾、鱼、贝三元混合养殖模式，产量提高了28%，投入氮的利用率提高了85%。在凡纳滨对虾与不同密度、规格的罗非鱼的综合养殖实验中，在罗非鱼规格和密度适宜的条件下，存活率比单养组提高了14.7%，对虾产量提高了5.8%，混养组饲料氮、磷元素的利用率显著高于单养组。将对虾和罗非鱼同池隔开混养，也得到相似结果。一些研究发现，大型藻类可以吸收水产动物养殖产生的营养物质，有效减少水体富营养化，达到净化水体的目的。综合养殖在病害防治方面也能发挥作用。例如，在对虾养殖池塘中放养河豚（Tetraodontidae），河豚可以将病虾吃掉，防止虾病大规模扩散，减少经济损失。

参考文献

陈蓝荪，李家乐，刘其根.基于缢蛏养殖的立体混养模式的生态与经济效益分析［J］.水产科技情报，2012，39（4）：187-192.

陈清建，周友富.河豚与对虾混养防病试验初报［J］.齐鲁渔业，2000，17（1）：29-30.

迟晓，黄佳祺，王学勃.海水池塘虾鱼贝蟹综合生态立体混养试验［J］.河北渔业，2007，160（4）：27-28.

董双林.中国综合水产养殖的发展历史、原理和分类［J］.中国水产科学，2011，18（5）：1 202-1 209.

董志国.中国沿海三疣梭子蟹群体形态、生化与分子遗传多样性研究［D］.上海：上海海洋大学，2012.

李德尚，董双林.对虾与鱼、贝类封闭式综合养殖的实验研究［J］.海洋与湖沼，2002，33（1）：90-96.

李法君.南美白对虾生物学特性概述［J］.生物学教学，2017，42（9）：56-57.

李加儿，区又君，丁彦文，等.广东池养鲻鱼的繁殖生物学［J］.中国水产科学，1998，5（3）：39-43.

林志华，尤仲杰.浙江滩涂贝类养殖高产技术模式［J］.海洋科学，2005，29（8）：95-99.

卢光明.浙江海水池塘养殖清洁生产模式的初步构建与优化［D］.宁

波：宁波大学，2011.

权伟，应苗苗，康华靖，等. 中国近海海藻养殖及碳汇强度估算［J］. 水产学报，2014，38（4）：509-514.

宋鹏东. 三疣梭子蟹的形态与习性［J］. 生物学通报，1982，（5）：18-21.

王德强，佟延南，李芳远，等. 吉富罗非鱼与锯缘青蟹混养经济效益分析［J］. 中国渔业经济，2014，32（5）：51-54.

王广军，谢骏，潘得播. 南美白对虾的生物学特性及繁养殖技术［J］. 江西水产科技，2000，（2）：6，18-19.

王如才，王昭萍. 海水贝类养殖学［M］. 青岛：中国海洋大学出版社，2008.

翁朝红，谢仰杰，肖志群，等. 线粒体COI和16S rRNA片段确定近江蛏和缢蛏属的分类地位［J］. 水生生物学报，2013，37（4）：684-690.

徐凤山，张素萍. 中国海产双壳类图志［M］. 北京：科学出版社，2008.

闫红伟，李琪，孔令锋，等. 山东沿海缢蛏的繁殖生物学研究［J］. 中国海洋大学学报（自然科学版），2009，39（S1）：343-346，352.

朱长波，郭永坚，颉晓勇，等. 凡纳滨对虾-鲻网围分隔混养模式下经济与生态效益评价［J］. 南方水产科学，2014，10（4）：3-10.

Hirata H, Kohirata E. Culture of sterile *Ulva* sp.in a marine fish farm［J］. Aquaculture Bamidgeh, 1993, 44: 123-152.

Muangkeow B, Ikejima K, Powtongsook S, et al. Growth and nutrient conversion of white shrimp *Litopenaeus Vannamei*（Boone）and Nile tilapia *Oreochromis Niloticus* L. in an integrated closed recirculating system［J］. Aquaculture Research, 2011, 42（9）：1 246-1 260.

Yuan D, Yi Y, Yakupitiyage A, et al. Effects of addition of red tilapia（*Oreochromis* spp.）at different densities and sizes on production, water quality and nutrient recovery of intensive culture of white shrimp（*Litopenaeus vannamei*）in cement tanks［J］. Aquaculture, 2010, 298（3-4）: 226-238.

林志华　　何　琳

第五节　陆基循环水多营养层次综合养殖

一、前言

2006年，联合国粮农组织（Food and Agriculture Organization, FAO）在全球渔业当局高层主管会议中指出，鉴于全球人口急剧增加，消耗的海洋水产品也将倍增，而传统海洋捕捞业已达最大生产量水平，因此优先考虑发展水产养殖是填补水产品需求缺口的唯一途径。被誉为"绿色革命"的水产养殖业，作为缓解人类对食物的需求压力，避免对海洋资源过度开发的重要手段，备受世界关注。

近年来中国海水养殖业发展迅速，养殖产量已连续多年居世界首位，但是制约海水养殖的因素和传统养殖模式问题也日趋凸显。

生态环境的承载力已经接近极限：传统的开放式海水池塘养殖和工厂化养殖多大量换水，对外来水源依赖性较大，自然海域海水污染严重制约了海水养殖用水，重金属通过食物链在水产品中富集，降低了水产品质量。

未处理养殖尾水加剧海域污染：根据全球环境展望年鉴报道，养殖的凡纳滨对虾对人工配合饲料中氮元素的吸收率仅为22%左右，利用率低。同时，根据研究报道，鱼类对氮的利用率均不超过40%，直接排放的养殖废水将会引起周围水体的富营养化，污染近海环境，破坏养殖用水水源。

大规模集聚型养殖产业容易导致病害集中暴发：中国目前几个主要的养殖品种，如凡纳滨对虾、鲍鱼、扇贝等，在部分地区的养殖总面积可以达到几千甚至是上万公顷，当养殖容量超过当地的环境容量时，极易集中暴发大规模病害，造成大面积损失，暴发病害后不合理的药物使用，尤其是抗生素的滥用，又会加强病菌的耐药性，进而加剧病害的传播。

养殖空间压缩效益低下：随着社会经济的发展，水产和工业用地之间的矛盾在不少地区逐渐凸显，地区政府考虑到养殖产业普遍具有土地利用率低，税收水平差，劳动力吸收能力弱等不足，不少养殖区域面临功能区划调整的窘境，养殖用地趋紧已成为不可避免的发展障碍，因此探索建立一套生态集约化的养殖模式迫在眉睫。

二、陆基IMTA中的主要养殖/种植种类

（一）主要生产品种

1. 凡纳滨对虾

凡纳滨对虾俗称南美白对虾、白脚虾或白对虾，隶属于节肢动物门甲壳动物亚门软甲纲十足目游泳亚目对虾科对虾属。凡纳滨对虾原产于中南美洲沿岸海域，具有洄游繁育后代的习性。成体生活在盐度较高的近海，而刚孵出的浮游幼体和幼虾在饵料生物丰富的河口附近海域和潟湖中低盐软泥底质的浅海觅食生长，体长平均达到12 cm时开始向近海洄游，因此具有广泛的盐度适应性。

凡纳滨对虾壳薄体肥，含肉率高，肉质鲜美，营养丰富。凡纳滨对虾适应能力强，自然栖息区为泥质海底，水深0 ~ 72 m，能在盐度为0 ~ 40的水域中生长。凡纳滨对虾生长水温为15℃ ~ 38℃，最适生长水温为

23℃～32℃。凡纳滨对虾对低温适应能力较差，水温低于18℃时摄食活动受到影响。凡纳滨对虾要求水质清新，DO在5 mg/L以上，能忍受的最低DO为1.2 mg/L。凡纳滨对虾离水存活时间长，可以长途运输。其适应的pH为7.0～8.5，要求氨氮含量较低。

凡纳滨对虾具有个体大、生长快、营养需求低、对饲料蛋白含量要求低、出肉率高达65%以上、离水存活时间长、抗病力强、对水环境因子变化的适应能力较强等优点，是集约化高产养殖的优良品种，因此陆基IMTA选择该虾作为主要养殖种类。

2. 其他种类选择

主要生产种类可依据不同地区进行选择，选择的依据包括生产要素、气候环境、市场偏好等，一般来说适合集约化养殖，适应本地生长且具有较高经济价值的种类，如大菱鲆（Turbot）、石斑鱼（Grouper）、黑鲷（Black Porgy）、鲻鱼（Gray Mullet）等都可以作为陆基IMTA的主要生产种类。

（二）生物净化种类

1. 双壳贝类

双壳纲又称瓣鳃纲或斧足纲，是软体动物门各纲中种类较多和经济价值最大的一个纲。本纲动物的特点是除了有2枚贝壳外，身体由躯干、足和外套膜3部分组成，头部退化；壳的背缘上有韧带相连，两壳间有1个或2个横行肌柱；双壳贝类依靠韧带和肌柱的缩张作用开关贝壳。足位于体躯的腹侧，通常侧扁，呈斧状，伸出二壳之间，故又称斧足类。大多数双壳贝类雌雄异体，也有同体者。

双壳纲的全部种类都可食用，不仅肉味鲜美，而且含有丰富的蛋白质、维生素、无机盐等，经济价值高，其中泥蚶、青蛤、文蛤、缢蛏、菲律宾蛤仔等是滩涂海域的主要养殖种类。另外大多数的双壳贝类为滤食性，具有明显净化水质的生态作用。

2. 红树林

红树林（Mangrove）是红树林湿地的主要组成部分，是指生长在热带、亚热带海岸潮间带上部，受周期性潮水浸淹，以红树植物为主体的常绿灌木或乔木组成的潮滩湿地木本植物群落。调查显示，红树林湿地系统具有丰富的生物资源，是少数几种物种最丰富多样的生态系统之一，由红树林组成的红树林湿地具备强大的净化海水，吸收污染物，降低海水富营养化作用。因此，陆基IMTA引入红树林湿地，作为系统内部重要的净化功能团。

3. 盐生植物

盐生植物指能在盐化生境中生长发育，并可积累相对较多的盐分的植物。有真盐植物和泌盐生植物之分。前者如海岸灯芯草、海篷子（Salicornia）等，能增加体内水分，使茎叶肉质化，在枝条积累相当多的盐分，并通过枝条的枯落使盐分平衡；后者如柽柳、大米草等，能将体内过剩的盐分经叶上的盐腺等分泌出去。此类植物能够进行土壤栽培或者浮岛水培。在陆基IMTA构建功能区，利用植物本身对氮、磷等元素的吸收可达到净化水质的作用。

三、陆基IMTA构建

（一）构建理念

陆基IMTA系统是以生态位互补理论为基础，利用不同营养级的养殖种类建立的生态循环养殖模式，并通过优化系统的养殖容量和调控措施，达到高效、生态、安全、节能减排的目的（图3-18）。

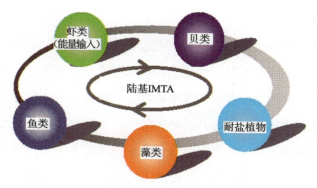

图3-18　陆基IMTA生态位互补示意图

（二）系统组成

以浙江省海洋水产养殖研究所永兴基地为例介绍陆基IMTA系统。该系统坐落在浙江省温州市龙湾区东海之滨，总占地面积18.4 hm²，由5个主要功能区和2个配套设施设备组成。5个主要功能区分别为高位精养区、苗种繁育区、贝类养殖区、人工湿地区和生态净化区，2个配套设施设备为尾水处理系统和在线水质监测系统。具体组成及平面图见图3-19、图3-20。

图3-19　陆基IMTA系统组成

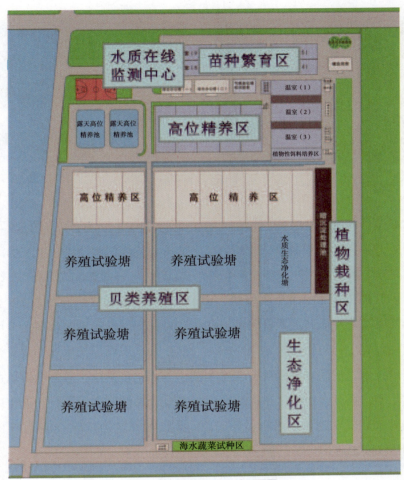

图3-20 陆基IMTA系统平面图

1. 高位精养区

陆基IMTA系统的高位精养区占地面积约1.67 hm²，分为D区和F区两个区域。D区7口高位池，每口750 m²；F区10口高位池，每口1 000 m²。高位池为混凝土结构的椭圆形养殖池塘，也可以选择用防渗地膜进行铺设（图3-21）。高位池上建保温钢架顶棚，覆盖塑料膜，可视气候情况拆卸。池深1.5～2 m，四周至中间逐渐加深。池底呈锅底形结构，中间设排污口，分别与两条独立的循环水渠相通。在进行尾水排放时，可根据POM浓度，选择流入养殖尾水处理系统处理或直接排入贝类养殖区。

图3-21　高位池

　　高位精养区主要进行凡纳滨对虾的集约化养殖，一年可以养殖2~3茬
（图3-22）。为了控制单位时间内尾水的排放，降低整个循环系统的净化
压力，对虾单茬平均产量控制在1.5 ~ 2.5 kg/m²。凡纳滨对虾高位池集约化
养殖区有别于普通生态土塘养殖，由于苗种放养密度是常规的2倍以上，
尤其需要注重水质和底质的管理，在合理控制饲料投喂量的基础上，可配
套使用鱼类生物防控技术（图3-23）、微生物水质调控技术和底增氧技术
等养殖技术以提高对虾养殖成功率和减少养殖尾水排放。对虾养殖尾水的
排放主要经循环水渠流入贝类养殖区，部分含高浓度沉积颗粒的养殖尾水
需经尾水处理系统处理后再循环回用。高位精养区是陆基IMTA系统的营
养物质主要输入区。

图3-22　凡纳滨对虾养殖

图3-23　鱼类生物防控技术混养的黑鲷和褐篮子鱼

2. 苗种繁育区

陆基IMTA系统的苗种繁育区共建有7幢温室。温室四周为砖墙结构，顶部为钢架大棚，上建有自动遮阳顶棚。7幢温室内部共有大小不等水泥池260口，总育苗水体约10 000 m²。温室建设必须进、排水顺畅，有独立的海水和淡水出入管道，电、气、供热等配套设施齐全（图3-24）。此区主要用于滩涂贝类苗种繁育、凡纳滨对虾苗种繁育、对虾苗种标粗和植物性饵料培养。

图3-24　苗种繁育区育苗温室内部构造

双壳贝类采用全人工方式进行培育，培育流程包括亲贝营养强化、生殖调控、人工催产受精、浮游幼体培育和稚贝暂养等。由于双壳贝类在繁殖生物学上的相似性，不同种类的贝类均可采取同样方式进行苗种繁育，因此可根据市场所需和不同贝类生物学特性灵活选择贝类品种。目前正在开展苗种繁育的品种主要有泥蚶、青蛤、文蛤、缢蛏、菲律宾蛤仔等，示范地陆基IMTA系统年繁育不同品种不同规格苗种80亿~100亿粒，可实现产值300万元。贝类幼虫在进入附着期一段时间后，可以直接抽取对虾养殖高位池的藻水用于贝苗培育。

示范地陆基IMTA系统的苗种繁育区同样可以开展凡纳滨对虾苗种繁育（图3-25）。对虾苗种繁育由无节幼体开始，培育12~15 d；对虾经过3次变态发育，历经无节幼体→蚤状幼体→糠虾幼体→仔虾4个阶段。之后根据养殖企业和养殖农户对苗种的盐度需求确定是否需要淡化。示范地年可繁育苗种2亿尾，产值约300万元。

图3-25　对虾及贝类苗种繁育

（1）对虾池水培育贝苗

微藻是养殖池塘中的初级生产者，通过光合作用提高养殖水体中的DO含量，能吸收水体中的氨氮及亚硝酸盐氮等有害物质，对养殖水体理化性质的稳定起着重要作用，同时还可作为虾苗的天然饵料。高位池浮游植物种类丰富，根据报道不同时期不同类型的养殖塘有40多种；养殖中前期浮游植物以硅藻、绿藻为主，数量占总量50%以上，适合作为双壳贝类附着期苗的培育饵料（图3-26）；而养殖后期由于排泄物增加，水体透明度下降，藻类含量减少且质量下降，不再适合作为贝类饵料。因此，可以根据对虾养殖高位池中藻类的状况，用100目筛绢网简单过滤后直接用于贝类苗种培育。此举即可大大节约藻类培养所需的人力物力，又可降低对虾养殖池塘的尾水排放，达到物质、能量的有效利用。当然对于处于浮游期的贝类幼体，由于口器和捕食能力所限，只能采用定向培养的单细胞藻类作为开口饵料。

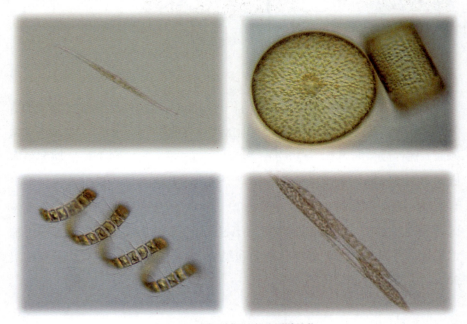

图3-26　对虾高位池部分浮游植物

（2）海水浓缩机（膜分离水系统）

在进行苗种繁育过程中，不同品种的贝类和凡纳滨对虾对盐度的需求不同。为消除盐度的限制因素，可以在陆基IMTA系统内运用海水浓缩机（膜分离水系统）。该装置可以有效解决河口地区进行盐度调节的难题。海水浓缩机可在有限范围内产出设定的高盐度的海水。根据原海水浓度，产出速率各有不同，一般为10 m³/h～23 m³/h，生产每吨浓海水能耗不大于0.9 kW·h，具有运转能耗低、可有效维持海水成分不变、浓缩后海水可直接进行育苗生产等优势，目前已经就此方法申请了专利（图3-27）。

图3-27　海水浓缩机

3. 贝类养殖区

陆基IMTA系统贝类养殖区总面积1.33 hm²，共6口养殖塘。池塘构造为常规土池围塘（与第五节浙江池塘IMTA中的类似），中间2/3区域为养殖滩面，泥沙底，四周有环沟围绕，沟深1.2～1.5 m（图3-28）。池塘配备有底增氧系统，以增加池塘养殖容纳量。池塘主要进行双壳贝类养殖，种类有泥蚶、毛蚶、文蛤、青蛤、硬壳蛤、菲律宾蛤等（图3-29）。贝类养殖区域用围网相隔，周边放养青蟹、脊尾白虾、鲻鱼、美国红鱼、黑鲷、篮子鱼等品种以提高池塘的净化能力和经济效益。贝类养殖区年产大规格贝50～100 t。

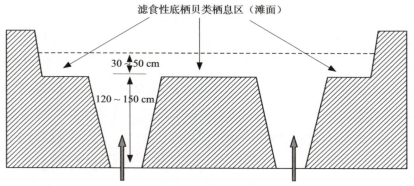

滤食性底栖贝类栖息区（滩面）

30～50 cm

120～150 cm

虾、蟹、鱼等混养种类主要生活区（环沟）

图3-28　养殖土塘剖面图

图3-29　贝类养殖区养殖产品

对虾高位池排放的养殖尾水含有大量的浮游植物、饵料碎屑、虾的粪便等有机颗粒，是滤食性贝类良好的食物来源，因此将对虾养殖尾水经循环水渠排入贝类养殖塘。尾水中的浮游植物和大部分碎屑可以直接被滤食性贝类吸收，余下不能直接吸收的部分，可通过微生物和浮游植物作用分解成POM和营养盐，再间接被贝类滤食。

4. 人工湿地区

示范地陆基IMTA系统中的红树林人工湿地是中国纬度最北的红树林人工湿地，占地面积约8 500 m²，主要以种植红树植物——秋茄（*Kandelia candel*）为主，另有少量桐花（*Aegiceras corniculatum*）间或其中，岸堤上栽种有半红树——海檬果（*Cerbera manghas*）和红树林伴生植物——香根草（*Vetiveria zizanioides*）等（图3-30）。红树林湿地上还放养大弹涂鱼（*Boleophthalmus pectinirostris*），增加红树林区域底质通透性。大弹涂鱼作为高价水产品也能提高系统的经济产出。

红树林在净化海水、抵挡风浪、保护海岸、改善生态状况、维护生物多样性和沿海地区生态安全等方面发挥着重要作用，红树林生态系统通过植物吸收、泥土表面吸收、化学性沉淀和微生物的代谢作用等来降低水中的悬浮物、COD、氮、磷、重金属等和大气中的二氧化碳等。从而达到过滤有机物质和污染物，以及净化大气和降低水质污染的目的。在陆基IMTA系统中人工构建红树林湿地，正是利用了红树林湿地中的植物和微生物等对氮和磷等的吸收以及沉积物对氮和磷的滤过作用[5]。

图3-30 红树林人工湿地区

5. 生态净化区

该区主要由2口生态净化塘组成，分别为C1和C2，总面积为3.4 hm²，水深4 m左右。塘内放养了鲻鱼、大黄鱼、篮子鱼、美国红鱼、黑鲷等，其中C1塘在水面搭建了海水蔬菜人工浮岛，既可作为暗沉淀遮阴所用，又能通过植物根系的吸收，去除水中的营养盐（图3-31）。生态净化塘通过放养多种生物，如底栖滤食性贝类、杂食性鱼类、肉食性鱼类等，再加上本身存在浮游动物、浮游植物，在塘内构建稳定的生态系统，达到生态净化的目的。生态净化塘也是整个陆基IMTA系统的蓄水池。

生态净化区是循环养殖用水处理的最后功能区。生态净化塘中的水通过水泵抽提，经沙滤池过滤，直接用于凡纳滨对虾养殖和双壳贝类苗种培育（图3-32）。沙滤池为重力浸没式无压沙滤池结构，其过滤层为2～3层。根据生产实际需求确定沙砾的粒径，如苗种繁育可选用粒径为0.3～0.5 mm的沙，对虾高位池养殖则可选粒径为1.0 mm左右的中沙；也可同时铺置两种粒径的沙，原则为上粗下细。沙层以下放置30～50 cm厚的带孔红砖，砖与沙层间用60～80目双层聚乙烯网相隔。

图3-31 生态净化塘和海篷子人工栽培浮岛

图3-32　海水沙滤池

6. 配套设施设备

（1）尾水处理系统

尾水处理系统主体结构包括一座252 m²的四级串联养殖尾水沉淀池，一口面积为10 m²的生物发酵池（图3-33）。尾水沉淀池内悬挂生物填料，每口池底均有管道与生物发酵池相通。精养高位池具高、低2个排水口。排污时高位池中间集聚的颗粒碎屑由低口排出，流向尾水处理池。进入尾水处理系统的养殖尾水经过滤、沉积、氧化、生物降解作用净化后可循环回用。沉积污泥集中至生物发酵池处理，发酵后的物质可做基肥。

图3-33　尾水处理系统串联养殖尾水处理池

（2）在线水质监测系统

为了提高陆基IMTA系统整体运行的稳定性和调控的准确性，积累实验数据，在系统中建立了一套在线水质监测系统（图3-34）。该系统分水

153

质监测浮标和数据显示终端2部分。水质监测浮标上搭载了4种传感器：温度传感器、pH传感器、盐度（电导）、DO传感器，能够测定5个参数：温度、pH、盐度、电导率和DO。数据通过GPRS传输，汇总到服务器内保存，还可以通过移动终端查看。

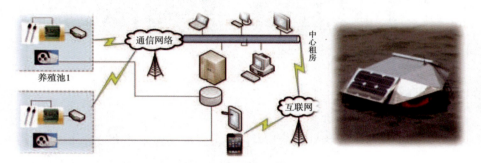

图3-34　在线水质监测系统

（三）陆基IMTA系统的水循环及调控

1. 陆基IMTA水循环

　　陆基IMTA系统通过利用鱼、虾、贝、藻等多营养级的耦合作用，最大化利用系统中的物质和能量，并获得经济收益。同时因养殖用水在系统内循环使用，无须大量从外源进水，减少了对外源环境的依赖和排污造成的生态影响。

　　高位精养区的在对虾放养15 d后，根据虾池水色、悬浮颗粒数量、透明度、藻相以及水中营养盐丰富程度，决定虾池的换水量。从高位精养区排出的养殖尾水经循环水渠流入各个贝类养殖塘，经过贝类的滤食作用去除、沉淀藻类、POM，再通过循环水渠，流入人工红树林湿地，通过进一步的生物、物理、化学等方式的吸收净化后，再流入生态净化塘，停留一段时间让水中的浮游动物和藻类沉降后用水泵抽到沙滤池中，重新流入温室、高位精养区循环利用，重新用于对虾养殖和苗种繁育。陆基IMTA系统养殖用水每周交换1～2次，对虾养殖前期交换量较小，养殖中后期水交换次数逐渐加大。经过测定，养殖尾水通过循环最终流回高位池的水的营养盐水平与从海域引进的水相当，由此可见循环净化作用明显。

2. 调控手段

高位精养区的凡纳滨对虾养殖既是整个系统的物质、能量输入区，也是养殖尾水的主要排放区。排出的养殖尾水进入系统内循环，通过净化作用重新利用。如果排出的对虾养殖尾水超过系统的净化能力，那么系统就有崩溃的风险。对虾养殖尾水中的颗粒碎屑是最主要的污染物，控制尾水中的颗粒碎屑进入循环系统的量，是调控系统运行的重要方式。控制高位精养区的养殖尾水进入系统内循环有两种方法，一是分批次投放虾苗，使不同批次对虾成熟时间前后不一致，从而错开对虾养殖尾水排放高峰，二是利用对虾养殖尾水处理系统的阻截颗粒碎屑。

不同贝类的滤水率、生物习性不尽相同，对藻类、营养盐的去除能力也差别明显，如菲律宾蛤仔具有非常强的滤食效率。根据王吉桥等测量，在15℃左右水温条件下，干肉重1.28 g的菲律宾蛤仔滤水率为0.360 6 L/（g·h）± 0.054 2 L/（g·h），且贝类的滤水率与体重呈负相关。因此为了最大限度地利用贝类的吸收净化作用，同时最大化发挥池塘的经济效益，必须合理搭配贝类的种类、规格和分布。

四、陆基IMTA系统成效

（一）经济效益

养殖产品：滩涂贝类（苗种生产和商品贝）、凡纳滨对虾（成品虾、苗种）。

其他副产品：鲻鱼、篮子鱼、大黄鱼、黑鲷、弹涂鱼、牡蛎。

（二）2015年运行成效

陆基IMTA系统自2012年建立以来，已经平稳运行多年，经济效益显著，以2015年养殖产品经济效益为例介绍。

2015年，陆基IMTA运行持续1年，共产出大规格凡纳滨对虾49.8 t，商品贝15.1 t，贝苗81亿粒，实现毛利润566.21万元，亩毛利润2.05万元。对比常规土塘养殖单养模式，按照养殖水面积约6.67 hm²（100亩）计算，凡纳滨对虾养殖一茬，亩产300 kg，总产值144万元，亩毛利润在1.44万元。因此，海水生态循环养殖模式的整体养殖效益较传统养殖模式提高20%以上。能极大促进虾农增产、增收，具有广阔的推广前景。

陆基IMTA是一种新兴的养殖模式，养殖系统全程不向周边排放养殖废水，只需定时补充少量损耗的海水，并且系统相对封闭，通过精确监测及调控，水质相对稳定，不易引入病原微生物及暴发病害，渔药使用量大幅降低，在提高养殖经济效益的同时，也可保证水产品质量，既能够提高产品品质，增加附加值，又能够使消费者权益得到保证。

五、国外相关案例

陆基IMTA在以色列国家海水养殖研究中心（Israel Oceanographic and Limnological Research, National Center for Mariculture）由Muki Shpigel博士开展了试验示范。早在20世纪90年代，Muki博士等就应用大型海藻、牡蛎、鲍鱼等作为生物净化品种，去除水产养殖中多余的营养物质，达到净化水质、综合利用的目的。经过几年的发展，在以色列国家海水养殖研究中心逐步形成了一套较为完整的陆基IMTA（图3-35）。该系统包括浮游藻类、大型海藻和盐生植物湿地3条处理途径。浮游藻类途径：养殖虾和鱼的排放尾水由浮游藻类吸收多余的营养物质，浮游藻类再被双壳贝类和浮游动物滤食，尾水中不能被利用的颗粒碎屑由海参和鲻鱼摄食。大型海藻途径：养殖尾水由石莼、江蓠等大型海藻吸收，大型海藻再用来投喂鲍鱼、海胆、食草性鱼类。盐生植物植物途径：养殖尾水经过盐生植物栽种湿地。这3种养殖模式同样是利用具有生态位互补的养殖经济种类，最大化综合利用营养物质，达到经济和生态效益的最大化。

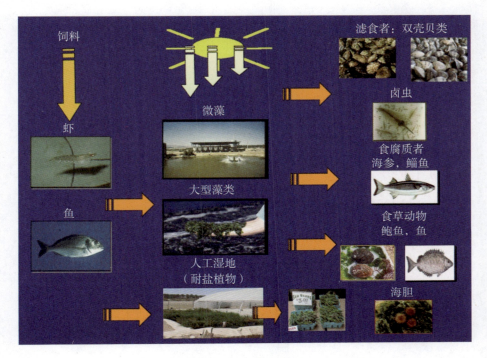

图3-35　以色列陆基IMTA示意图（引自 Shpigel M）

参考文献

陈忠.广东省红树林生态系统净化功能及其价值评估［D］.广州：华南师范大学，2007.

戴习林，藏维玲，王为东，等.河口区斑节对虾三种淡化养殖模式的比较.上海水产大学学报［J］.2003，12（3）：209-214.

高欣，景泓杰，赵文.凡纳滨对虾高位养殖池塘浮游生物群落结构及水质特征［J］.大连海洋大学学报，2017，32（1）：44-50.

梁伟锋，李卓佳，陈素文，等.对虾养殖池塘微藻群落结构的调查与分析［J］.南方水产，2007，3（5）：33-39.

申玉春，熊邦喜，王辉，等.虾-鱼-贝-藻养殖结构优化试验研究［J］.水生生物学报，2007，31（1）：30-38.

王吉桥，于晓明，郝玉冰，等.4种滤食性贝类滤水率的测定［J］.水产科学，2006，25（5）：217-221.

袁剑波.凡纳滨对虾系统发生地位及适应性进化分析［D］.青岛：中国科学院海洋研究所，2014.

Shpigel M, Blaylock R A. The use of the Pacific oyster *Crassostrea gigas*, as a biologicalfilter for marine fish aquaculture pond［J］. Aquaculture, 1991, 92: 187-197.

Shpigel M, Neori A. The integrated culture of seaweed, abalone, fish, and clams inmodular intensive land-based system. I. Proportion of size and projected revenue［J］. Aquacultural Engineering, 1996, 15（5）：313-326.

Shpigel M, Neori A, Marshall A, et al. Propagation of the abalone Haliotistuberculata in land-based system in Elat, Israel［J］. Journal of the World Aquaculture Society, 1996, 37（4）：435-442.

Shpigel M, Neori A, Popper D M, et al. A proposed model for "clean" landbased polyculture of fish, bivalves and seaweeds［J］. Aquaculture, 1993, 117: 115-128.

谢起浪　　於俊琦　　柴雪良

第六节　多营养层次综合增养殖在海洋牧场中的应用

北黄海海洋牧场面积1 600 km²，其中近岸20 km²为IMTA养殖区，离岸1 580 km²为贝类底播增殖区。IMTA养殖区作为平衡的生态系统，将滤食性的贝类品种、舔食性的底栖品种、腐食性的品种和海水中的植物性品种养殖在一起。与单一养殖不同，这一综合性的养殖方法将生物因素、管理要素以及环境质量纳入考量，旨在实现长期可持续发展。其目的在于提高每个养殖单位（而非单一养殖法强调的每个品种）的长期可持续性和赢利能力。离岸的贝类增殖区，主要将滤食性的底栖贝类苗种按照一定的密度撒播到海底，使其自然生长，轮播轮收，实现海洋牧场的有序开发。

一、海洋牧场生态系统中主要增养殖种类的生物学特性及其生态习性

（一）虾夷扇贝

虾夷扇贝隶属于瓣鳃纲珍珠贝目扇贝科盘扇贝属。是一种冷水性贝类，原产于北海道及本洲北部、千岛群岛的南部水域及朝鲜附近（图3-36）。自1982年由辽宁海洋水产研究所引进中国以来，虾夷扇贝已在山东、辽宁等北方沿海进行大范围的人工养殖。由于其个体较大、营养丰富、有较高的经济价值，经过近20年的养殖推广，目前已在渤海及黄海北部形成规模化

图3-36　虾夷扇贝

和产业化养殖，近10年来创造了数十亿元的产值，成为中国北方最重要的海水养殖贝类之一。

虾夷扇贝贝壳大型，最大壳高可达20 cm，体重可达900 g。右壳较凸，黄白色；左壳稍平，较右壳稍小，呈紫褐色。壳近圆形。中顶，壳顶位于背侧中央，前、后两侧壳耳大小相等。右壳的前耳有浅的足丝孔。壳表有15～20条放射肋，右壳肋宽而低矮，肋间狭窄；左壳肋较细，肋间较宽。壳顶下方有三角形的内韧带，单柱类，闭壳肌大，位于壳的中后部。

虾夷扇贝为体外受精，体外发育的贝类。初次繁殖年龄为2年以上。亲贝将精、卵排入水中，在水中受精发育。通常雄性扇贝对外界的刺激反应灵敏，排精常常先于产卵。精子在水中的出现，也能诱导雌性扇贝产卵。虾夷扇贝可多次产卵，第一次产卵最多。怀卵量与产卵量很大，1次产卵可达1 000万～3 000万粒。

虾夷扇贝为滤食性贝类，杂食性，摄食细小的浮游植物和浮游动物、细菌及有机碎屑等。其中浮游植物以硅藻类为主，金藻及其他藻类为次。虾夷扇贝对饵料的性质无严格地选择性，其选择一般依赖于浮游动、植物的大小和生物的形态，只要大小合适，易被滤食，不管什么种类都可以被食用。虾夷扇贝为冷水性贝类，分布于底质坚硬、淤沙少的海底。自然分布水深6～60 m。虾夷扇贝生长温度为5℃～20℃，最适宜生长温度为15℃左右，低于5℃时生长缓慢，到0℃时运动急剧变慢直至停滞；水温升高到23℃时生活能力逐渐减弱，超过25℃运动很快停滞。虾夷扇贝是高盐类种类，适宜盐度为24～40。

（二）牡蛎

北黄海养殖的牡蛎品种为长牡蛎瓣鳃纲异柱目牡蛎科巨牡蛎属的一种，地方名有蚝、白蚝、海蛎子、蛎黄、蚵等。长牡蛎主要分布于中国、韩国沿海，常栖息在潮间带及浅海的岩礁底，以左壳固定在岩石上。牡蛎为重要海水养殖品种。长牡蛎在中国沿海均有分布，但以山东、辽宁、广东、福建较多，为南方沿海主要养殖品种之一。产季在11月份至翌年4月份。

长牡蛎壳大而坚厚，呈长条形（图3-37）。背、腹缘几乎平行，壳长为高的3倍左右。大的个体壳长达35 cm，高10 cm。也有长卵圆形个体。右壳较平，环生鳞片呈波纹状，排列稀疏，层次少，放射肋不明显。左壳深陷，鳞片粗大，壳顶固着面小。壳表面淡紫色、灰白色或黄褐色。壳内面白色，瓷质样。壳顶内面有宽大的韧带槽。闭壳肌痕大，马蹄形。外套膜左右共2片。鳃位于鳃腔中，左右各1对，共4片。呼吸主要由鳃完成，外套膜也可进行气体交换。消化系统包括唇瓣、口、食道、胃、消化盲囊、肠、直肠和肛门。循环系统是开放式的，由围心腔、心脏、副心脏、血管和血液组成。肾脏由肾小管和肾围漏斗管组成，左右各一。在繁殖季节，牡蛎的内脏块充满了乳白色的物质，这就是生殖腺，分为3部分，即滤泡、生殖管和生殖输送管。神经系统由脑、脏神经节及其联络神经构成。

图3-37　长牡蛎

（三）仿刺参

仿刺参，隶属于海参纲楯手目仿刺参属，属温带品种，多栖息于岩礁、乱石或沙泥底，伴有大型藻类丛生和大叶藻繁茂的平静海域，它以小的动、植物，如有孔虫、腹足类、桡足类、底栖硅藻等为食。主要生活在北太平洋沿岸浅海。在地理分布上的北限是萨哈林岛（库页岛）、阿拉斯加沿海；南限是鹿儿岛、朝鲜半岛沿海。中国辽宁（大连）、山东、河北、江苏（连云港）等省沿海岸均有分布。近年来，在中国南方开创了新的仿刺参养殖模式。

仿刺参体呈圆筒状，酷似黄瓜，长20~40 cm，横断面略呈四角形（图3-38）。背部隆起，具有4~6行大小不等的圆锥形肉刺。体腹面平坦，密布管足，管足排列成不规则的纵带。口位于腹面前端，无咀嚼器，周围环生20个分枝状触手，有捕食机能。肉刺的多寡、长短和体色常依产地、生活环境不同而有差异。体色一般为褐色，带有深浅不一的斑纹。此外，还有绿色、赤色、灰白或白色的个体。体壁分表皮层和富有胶原纤维的结缔组织层，在这两层组织之间有无数钙质骨片。结缔组织层之下为肌肉层，由纵横肌组成。消化道是一条在体腔内弯曲两次的纵行管，分为口、食道、胃肠、总泄殖腔、肛门等。呼吸器官呈树状，故称为呼吸树。生殖腺是由许多树枝状细管构成，位于肠系膜的一侧或两侧，有一条总管连接到生殖孔。生殖季节性腺变粗，雌性为橘红色，雄性为乳白色。

图3-38　刺参

仿刺参喜栖息于水深3~15 m的水质澄清，水流平稳，无淡水注入，海藻丛生的岩礁或细泥沙底质海底。利用管足和肌肉的伸缩，可在海底缓慢运动。一般在7月中旬至10月上旬，当水温达到20℃以上时，仿刺参夏眠，停止摄食和运动。水温过高，水质混浊及受到强烈刺激时，仿刺参常把内脏自肛门排出。仿刺参再生能力很强，损伤和排脏后都能再生。主要食物为硅藻、褐藻及有机碎屑。2龄可达性成熟。雌雄异体，体外受精。

卵生。生殖期5～7月。

仿刺参养殖模式主要包括池塘养殖、围堰养殖和底播养殖；其中底播苗种在自然环境中经3～5年养成，营养价值较高，养殖产品经济价值大。

（四）鲍

北黄海海洋牧场的鲍品种为皱纹盘鲍隶属于腹足纲原始腹足目鲍科，在中国主要分布于北部沿海，山东、辽宁产量较高，其中山东的威海、烟台，辽宁的大连金州、长山群岛产量最高，产季多在夏、秋季节。近年随着人工养殖发展，威海、长岛及福建等地已成为鲍鱼养殖基地，一年四季出产。

皱纹盘鲍足部发达，鲜嫩可口，营养丰富。以干品分析，其中含蛋白质40%，肝糖33.7%，脂肪0.9%，并含有维生素及其他微量元素，在中国被列为海产"八珍"之冠。皱纹盘鲍壳很低，螺旋部退化，螺层少（图3-39）。壳顶钝，微突出于贝壳表面，但低于贝壳的最高部分。从第二螺层的中部开始至体螺层的边缘，有一排以20个左右突起和小孔组成的旋转螺肋，其末端的4～5个孔特别大，呈管状。壳面被这排突起和小孔分为两部分：右部宽大，左部狭长。壳口卵圆形，与体螺层大小相等。外唇薄，内唇厚．边缘呈刃状。足部特别发达肥厚，分为上、下足。腹面大而平，适宜附着和爬行。壳表面深绿色，生长纹明显。壳内面银白色，有绿色、紫色等彩色光泽。

图3-39　皱纹盘鲍

皱纹盘鲍适宜生活的水温为3℃～28℃，最适生长水温为15℃～24℃，适宜的盐度在30以上，活动时间一般在日落后2 h～3 h以及日出前2 h～3 h。其生长缓慢。皱纹盘鲍喜欢在水质清澈、盐度较高、潮流畅通、海藻丛生的几米至十几米水深的岩礁地带生活，遇敌害或受惊时将足紧紧吸附在岩石上。它们喜昼伏夜出，爬行速度每分钟可达50 cm。成鲍主要摄食褐藻，如海带、裙带菜、羊栖菜，也摄食一些底栖小型动物，如球房虫、水螅虫等。其主要是利用齿舌刮取食物。皱纹盘鲍的摄食活动有明显的昼夜性和季节性。皱纹盘鲍摄食的季节性主要与水温及繁殖活动有关，在水温5℃以下时几乎不摄食，8℃～23℃时随水温升高摄食量明显增加。渤海、黄海的皱纹盘鲍在4～6月大量摄食，最为肥满；7～8月产卵期间，摄食量减少，体质消瘦；11月水温下降摄食量逐渐减少。皱纹盘鲍雌雄异体，渤海、黄海的皱纹盘鲍在3龄性腺开始成熟。

（五）海带

海带隶属于褐藻纲海带目海带科糖藻属。海带属于亚寒带藻类，是北太平洋特有种类，自然分布于朝鲜北部和日本本州北部、北海道及俄罗斯南部沿海，以日本北海道的青森县和岩手县分布最多。中国原不产海带，1927和1930由日本引进后，首先在大连养殖，后来海带养殖业蓬勃发展。自然光低温育苗和海带全人工筏式养殖技术具有厚实基础。20世纪50年代，"秋苗法"改进为夏苗法，大幅度提高了单产。60～70年代海带遗传育种获得新品种，而后随着海带配子体克隆繁育研究的深入，海带保种、新品种培育、育苗生产取得重大进展，对海带养殖业的发展起到了极大的促进作用。

海带叶片似宽带，梢部渐窄，一般长2～5 m，宽20～30 cm（在海底生长的海带较小，长1～2 m，宽15～20 cm）。叶边缘较薄软，呈波浪褶，叶基部短柱状叶柄与固着器相连（图3-40）。海带通体橄榄褐色，干燥后变为深褐色、黑褐色。海带所含的碘和甘露醇尤其是甘露醇呈白色粉末状，附在干海带表面；没有任何白色粉末的海带质量较差。观察海带，以叶宽厚、色浓绿或紫中微黄、无枯黄叶者为上品。另外，海带经加工捆绑后以无泥沙杂质、整洁干净无霉变、手感不黏合为佳。

图3-40　海带

（六）海胆

大连紫海胆（*Strongylocentrotus nudus*），又名光棘球海胆，隶属海胆纲球海胆科、主要分布于中国山东和辽东半岛沿海及俄罗斯远东地区沿海和日本北部浅海（图3-41）。其生活在沿岸海藻丛生的岩礁或砾石海底。适宜盐度为28~35，生长适宜水温为15℃~25℃。其靠棘和管足在海底移动，速度很慢。

大连紫海胆是重要经济种类。外形呈半球形，胆壳布满许多能动的棘。棘呈黑紫色，长达30 mm。个体较大，最大个体直径8 cm，体重300 g以上。内部器官包含在由300多块石灰质骨板紧密愈合而成的半球形胆壳内。口位于口面中央。大连紫海胆摄食的饵料种类与其生活水域中的饵料生物组成有一定的关系。在饵料丰富的海域，其摄食种类包括褐藻、红藻、绿藻，嗜食裙带菜、海带、羊栖菜等。

图3-41　大连紫海胆

图3-42　香螺

（七）香螺

香螺（*Neptunea cumingi*）隶属于腹足纲新腹足目蛾螺科，为温水性大型种类，主要分布于中国、朝鲜半岛、日本海域（图3-42）。在中国，香螺主要分布于渤海和黄海，东海及台湾东北部沿海少量分布，以大连海域产量较高，山东近海也是香螺的主要分布场所之一。香螺为腐食性螺类，其体大肉肥，肉质细腻，蛋白质含量高，富含多种的氨基酸及糖原、酶原等，易于消化吸收，具有较高的经济价值和营养价值，是中国北方沿海重要的海产经济贝类。

香螺为近岸贝类，多生活于泥沙质海底；幼虫可在潮间带岩礁间生活。香螺栖息水深10～70 m，其中20～30 m处较集中。香螺适宜的水温为0℃~24℃，最适水温8℃~20℃。香螺栖息于盐度较高的海域，适宜盐度为30.0~33.5，最适盐度为31.0~32.5。香螺每年5月下旬至6月上旬产卵，产卵量大，卵袋互相黏合形成玉米芯状的塔形卵群。若无敌害侵袭，香螺卵的孵化率很高。

二、IMTA选址

选址前需对海洋牧场的生态环境进行调查评估。站位布设、监测时间与频率、监测项目与分析方法，样品采集与管理，数据记录与处理、检测及结果评价、质量保证与质量控制工作依据《海洋监测规范　第4部分：海水分析》（GB 17378.4—2007）、《海洋监测规范　第7部分：近海污染生态调查和生物监测》（GB 17378.7—2007）、《近岸海域环境监测规范》（HJ 442—2008）、《海水增养殖区监测技术规程》、《渔业水质标准》（GB 11607—89）及《海水水质标准》（GB 3907—1997）一类标准值评价。调查指标包括水温、盐度、DO、溶解氧饱和度、pH、透明度、叶绿素含量、硝酸盐浓度、亚硝酸盐浓度、氨氮浓度、磷酸盐浓度、COD、异养细菌总数、弧菌数、大肠杆菌数、浮游植物，共计16项。

IMTA养殖区需要的环境水质需满足一类水质标准，大肠菌群≤10 000个/升，粪大肠菌群≤2 000个/升，pH为7.8~8.5，DO>6 mg/L，COD≤2 mg/L，无机氮≤0.20 mg/L，非离子氨≤0.020 mg/L，活性磷酸盐≤0.015 mg/L，重金属及化学污染物等小于一类水质限定标准。

IMTA养殖区涉及多种生物，根据各品种生存上、下限水温，选择全年水温在1℃~22℃，盐度在29~31.5，pH为7.8~8.5，DO在6 mg/L以上，COD在2 mg/L以下的海域。浮游植物是滤食性水生动物的主要饵料来源，其丰富程度直接关系水生经济动物的产量，其种类组成关系产品的食用安全性。环境中的微藻种类须以硅藻为主，有害微藻较少。浮游植物5 000个/升，叶绿素含量为0.7 mg/m³。

三、IMTA系统构建

（一）系统构建原则

以北黄海獐子岛海洋牧场IMTA模式为例，其将滤食类生物、舔食性生物、腐食性生物与大型藻类等共同养殖。这其中，大型藻类能有效吸收滤食类生物、舔食性生物等排泄释放的氨盐、磷酸盐和二氧化碳，转化为具有潜在经济效益的生物量，同时可作为舔食性生物的饲料。滤食性贝类排泄的氮、磷可以促进养殖水域浮游植物生长，反过来为贝类提供微藻饵料。贝类养殖产生的粪便和假粪等沉入水底，成为底栖生物如海参、鲍鱼的饵料或者促进大型海藻的生长。养殖动物死亡后可被腐食性的香螺摄食，转化为高经济效益的生物量。养殖过程中避免敌害生物和污损生物的干扰。IMTA中，一种生物的代谢物作为另一种生物的营养来源，最大限度地实现系统内营养物质的高效循环利用，在减轻养殖对环境压力的同时，使系统具有较高的容纳量和食物产出能力，确保海产品质量和产量的双重提升，促进近海生态的可持续发展。

（二）生物因素

北黄海獐子岛海洋牧场IMTA中，滤食类生物指以微藻或有机碎屑作为饵料的虾夷扇贝、牡蛎等经济贝类；舔食性生物主要指鲍鱼、海参；腐食性生物主要指香螺；大型藻类主要包括海带、裙带菜等。敌害生物指摄食贝类的多棘海盘车等；污损生物是指贻贝、东方缝隙蛤等。

（三）环境因素

北黄海獐子岛海洋牧场IMTA区海水清澈。根据《海水水质标准》（GB 3097—1997），水质需达到国家一类水质标准。选择区域为浅海潮下带，水深在15 m以内，海底为硬底或沙底。海面有台筏，海底有刺参、鲍或海胆分布的区域。

（四）IMTA系统构建

北黄海獐子岛海洋牧场IMTA系统中，包含贝类、藻类、鱼类、棘皮类、螺类等生物（图3-43）。生物彼此间存在相关性、相生性关系。

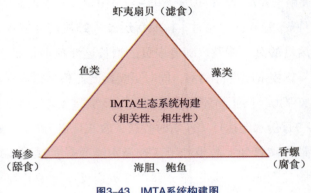

图3-43　IMTA系统构建图

IMTA模式示范区至少需要约33 hm²（500亩）的水域。上层采用浮筏养殖的方式，套养虾夷扇贝与海带；为了收获方便，也可以将虾夷扇贝、海带分开养殖。中层是海域中自然存在的鱼类，包括大泷六线鱼、许氏平鲉、石鲽、绒杜父鱼等。底层是野生的刺参、海胆、鲍；部分海域有底播的鲍和刺参，投放于人工礁石或海底本身礁石上。褐藻、红藻、绿藻等各类藻类在礁石上附着生长。

IMTA模式将水产养殖技术与海洋自然条件相结合，其中包括海藻、贝类苗种培育、建造能够促进海洋生物生长的人工礁石以帮助更多植物繁衍生长等。通过大规模底播养殖，将扇贝从密集的中间育成区转移到可以自由生长的海底区域，扇贝能够实现更快地增长，从而提高产量和收益。该技术还有助于降低病害发生率，提高生物多样性，并提高"碳汇"水平。

（五）管理因素

每个月对水质以及微生物的状况进行彻底调查，每季度调查生物存活、生长情况，每年还对养殖的碳排放情况进行监督，并相应地调整养殖管理举措。凭借IMTA模式，北黄海海洋牧场得以提高产量并实现了经济多元化。同时，通过将动物产品的排泄物转化为可收获的作物，该模式降低了引入人工饲料的需求。

表层虾夷扇贝养殖管理：10月上旬～11月中旬，海水温度16℃～18℃，虾夷扇贝苗种规格3～3.5 cm时，按照每层22～25枚密度装入扇贝养殖笼中开始虾夷扇贝的筏式养殖。随着扇贝的增长逐渐疏密。翌年3月中旬，按照每层15～18枚密度进行疏密，同时更换网笼。根据海区状况和台筏负荷，适时增加浮力，防止吊笼和漂系缠绕。经常抽查扇贝生长规格和死亡情况。在6～7月份水温达15℃左右时收获，收获规格为7～8 cm。

表层海带养殖管理：海带养殖区选择水流通畅，浮泥、杂藻少，水质比较肥沃的安全海域。为了充分利用虾夷扇贝排泄的营养盐，海带养殖区距离虾夷扇贝养殖区不可太远。海带养殖与虾夷扇贝养殖同时进行，方式为垂挂法。将苗帘拆开，截成长100 cm左右的苗绳段，苗绳下端绑一150 g左右重的小坠石，上端通过细聚乙烯吊绳绑缚在浮绠上，使苗绳垂挂在水中，苗绳间距为25 cm左右。下海初挂水层一般控制在水深1/5～1/3 m处；在透明度较大的海域，水层控制在水深1 m左右。幼苗下海后，避免附泥及杂藻过多地附着在幼苗和苗绳上，要经常在水中摆动洗刷苗绳。当幼苗长至15～20 cm时，要及时分苗，将早期大苗剔去利于后期小苗的快速生长。中期分苗，以苗长15～20 cm为宜。晚期分苗，苗长20 cm以上。一般采用头茬苗。夹苗通常采用单夹形式。人工将苗夹到养殖绳上，苗距控制在8～11 cm（早期苗距为11 cm，中期苗距为10 cm，晚期苗距为8 cm）。一般养殖绳两端夹苗较密，中间较稀。翌年在6～7月份水温达15℃左右时及时收割，否则随着温度上升海带开始腐烂。

底层海参、鲍鱼、香螺管理：在养殖海带、虾夷扇贝的海域底部或临近区域的海底投放人工礁石附着藻类，或利用自然存在的礁石上的藻类，提供给海参、鲍鱼饵料。表层筏式养殖的海带碎屑等有机质也是其饵料的重要来源。海参为野生资源。鲍鱼和香螺除了野生资源外进行底播增殖，养殖周期为3年。养殖过程中定期调查并及时清理多棘海盘车等敌害生物，长成商品规格后通过潜水员进行采捕。

四、经济效益、生态效益分析

（一）经济效益

经过3年的养殖，示范区单位面积养殖产量提高10%以上，综合效益提高20%以上，示范区建设过程有效减少碳排放15%以上；集成技术成果辐射面积333 km^{2}以上，并可进行示范推广，产生良好的经济效益。IMTA模式及海洋牧场建设的推广为位于北黄海海洋牧场的獐子岛集团股份有限公司带来了优势，减少了单一养殖模式带来的风险。从2005年到2010年，公司收入的年均增长率达到40%，远远高于行业平均水平（13%），平均EBITDA（Earnings Before Interest，Taxes, Depreciation and Amortization）利润率为31%。

（二）生态和社会效益

IMTA模式可有效利用近海增养殖空间，提高养殖海域产出能力。藻类直接吸收溶入海洋中的二氧化碳，以藻类为主要饵料的贝类等海洋生物间接吸收二氧化碳，这对减少温室气体、减缓全球气候变暖速率、降低酸雨等自然灾害的发生频率具有重要的生态意义。

IMTA提高了当地渔民的生活水平，带动了当地渔业经济的发展，具有良好的社会效益。

参考文献

国家环境保护局和国家海洋局. 海水水质标准（GB 3907—1997）［S］. 北京：中国标准出版社，1997.

海水增养殖区监测技术规程［S］. 国家海洋局，2002.

近岸海域环境监测规范［M］. 北京：中国环境科学出版社，2009.

李永民，王向阳. 虾夷扇贝底播增殖技术［J］. 水产科学，2000，19（2）：35-35.

严宏谟，李龙章，王永保，等. 海洋大辞典［M］. 沈阳：辽宁人民

出版社，1998.

于渤湛. 虾夷扇贝底播增殖产量影响因素分析［J］. 农业与技术，2015（1）：138-139.

中华人民共和国国家质量监督检验检疫总局，中国国家标准化管理委员会. 渔业水质标准（GB 11607—1989）［S］. 北京：中国标准出版社，1989.

中华人民共和国国家质量监督检验检疫总局，中国国家标准化管理委员会. 海洋监测规范（GB 17378.4—2007）［S］. 北京：中国标准出版社，2007.

中华人民共和国国家质量监督检验检疫总局，中国国家标准化管理委员会. 海洋监测规范（GB 17378.7—2007）［S］. 北京：中国标准出版社，2007.

张 媛　　梁 峻

第四章
不同养殖模式的生态系统服务和价值评价

第一节　不同养殖模式的生态系统服务评价内容与方法

一、海水养殖生态系统服务内涵

　　海水养殖生态系统及其服务的定义是以生态系统和生态系统服务的概念为基础的，所以首先要对生态系统和生态系统服务的概念进行研究。

　　生态系统是生物圈中最基本的组织单元，也是其中最为活跃的部分。生态系统不仅为人类提供各种商品，同时在维系生命的支持系统和环境的动态平衡方面起着不可取代的重要作用。20世纪三四十年代，Tansley提出了生态系统（Ecosystem）的概念，这是生态学发展过程中一件令人瞩目的大事。他认为，"生态系统的基本概念是物理学上使用的'系统'整体。这个系统不仅包括有机复合体，而且包括形成环境的整个物理因子复合体"。"我们对生物体的基本看法是，必须从根本上认识到，有机体不能与它们的环境分开，而是与它们的环境形成一个自然系统。""这种系统是地球表面上自然界的基本单位，它们有各种大小和种类。"因此这个术语的产生，主要在于强调一定地域中各种生物相互之间、它们与环境之间的功能上的统一性。继Tansley后，有很多的学者对生态系统的概念进行了研究，提出了不同的见解。应用最广泛的是《生物多样性公约》中提出的概念，即生态系统是由植物、动物以及微生物群体与其周围的无机环境相互作用形成的一个动态、复杂的功能单位（United Nations，1992）。此概念综合了几十年来学术界关于生态系统的研究成果，对于生态系统的管理非常实用。

结合生态系统服务的内涵，海水养殖系统生态服务可定义如下：在海水养殖过程中生态系统与生态过程所形成及所维持人类赖以生存的自然环境条件与效用，是指通过养殖活动、养殖生物及其环境直接或间接产生的产品和服务。它来源于养殖系统内部养殖生物、物理、化学组分之间的相互作用过程，其价值的大小取决于养殖规模大小、作用性质和该养殖系统所处的人类社会经济环境。当各组成成分之间相互作用产生产品和服务时，其经济价值将以当地市场价值表达出来。养殖生物的活动受养殖系统水环境、生源要素和沉积物等多种条件控制，养殖生物的生命活动对养殖系统的水环境和生源要素等又有反馈作用，这些因子间的相互作用产生了养殖生态系统的产品和服务价值。

二、海水养殖生态系统服务分类

关于生态系统服务的分类，不同学者根据不同的分类方法（功能性分组、结构性分组和描述性分组）对生态系统服务进行了不同的分组和分类。生态系统服务分类体系经历了从描述生态系统服务的特征，到用于价值评估，再到和人类福利紧密相连的发展过程。代表性的分类有：Costanza等（1997）将生态系统服务分为17类，这是目前最有影响的生态系统服务分类体系；千年生态系统评估（Millennium Ecosystem Assessment，MA）中将生态系统服务分为调节服务、供给服务、文化服务和支持服务，并对不同类型的服务进行了量化（UNDP，2005）。

结合海水养殖生态系统的特点，通过对海水养殖生态系统的结构组成、生态过程及生物多样性等服务的来源分析，并参照MA（2005）的生态系统服务分类体系以及这些服务的相似作用与性质，可以将这些服务归

纳为供给服务、调节服务、支持服务以及文化服务4种类型。服务分类体
系见图4–1。

图4–1　海水养殖生态系统服务分类

供给服务是指从生态系统中收获的产品或物质，包括如下几方面：
海水养殖生态系统为人类直接提供的各种海水养殖产品（如鱼、虾、贝、
藻等）；为人类间接提供食物及日常用品、燃料、药物等的生产性原材料
（如利用海水养殖鱼类生产鱼肝油、鱼粉等，利用甲壳类提供饲料等）；
海水养殖生物自身所携带的基因资源（可能会是人类将来最宝贵的资源之
一）。

调节服务是指从生态系统过程的调节作用当中获得的收益：海水养殖
生态系统及各种生态过程吸收温室气体，从而对区域或全球的气候进行调
节（如海水养殖生物泵作用对温室气体二氧化碳进行固定与沉降）；海水
养殖生态系统稳定空气组分和调节空气质量（如释放氧气、吸收有害气体
等）；海洋生态系统中的多种生物与生态过程共同对各种进入海水养殖生
态系统的有害物质进行分解还原、转化转移，净化水质；对一些有害生物
与疾病的生物调节与控制，可以明显地降低相关灾害的发生概率（如浮游
动物、贝类等对有毒藻类的摄食）；生态系统对各种环境波动影响的衰减

和综合作用，即干扰调节（如藻类养殖对波浪有缓冲作用等）。

支持服务是指对于其他生态系统服务的产生所必需的那些基础服务；包括由各种海水养殖生物产生的、提供各种活动及过程所需的能量和物质基础的初级生产，维持生态系统稳定与其他服务产生必不可少的物质循环过程，以及提供其他生物生存生活空间和庇护场所等生境提供服务。

文化服务是指人类通过精神满足、发展认知、思考、消遣和体验美感而从生态系统获得的非物质收益；包括海水养殖生态系统对人类精神、艺术创作和教育的非商业性贡献，即精神文化服务（如产生精神文化多样性、产生创作灵感、增加教育机会和实践）；海水养殖生态系统的复杂性和多样性吸引的科学研究和产生的知识补充等具有潜在商业价值的贡献，即职能扩展服务（如对海水养殖生态系统的科学研究，所形成的人类管理知识能力提高）。

三、不同养殖模式的生态系统服务评价内容与方法

物质生产：指从生态系统中收获的养殖产品，包括了食品供给、原材料供给与基因资源3种服务，采用市场价格法计算其价值。

气体调节：指从生态系统过程的调节作用当中获得的收益，包括养殖生物对温室气体的吸收和氧气的释放2种服务，如养殖生物通过滤食活动（如贝类等）对二氧化碳的固定与沉降，或通过光合作用（如藻类等）释放氧气。固定二氧化碳的价值用环境交易所或类似机构二氧化碳排放权的平均交易价格进行估算，氧气的价值采用工业制氧的价格估算。

水质净化：指养殖生物对各种进入生态系统的有害物质进行分解还原、转化转移以及吸收降解等，从而起到了处理废弃物与净化水质的作用。采用替代成本法，根据污水处理厂合流污水的处理成本计算。

物质循环：指养殖生物在整个生命周期过程中所需物质不断的形式转化及流转的过程，包括氮、磷等营养物质的循环及水循环等，这将为生态系统正常运转提供能量和物质，为其他服务功能提供支持。它们的价值体现在其他服务价值中，人类不直接利用，因此，一般不再计算这2种服务

的价值量，以免重复，但是这2种服务功能可进行物质量评估。

生物多样性维持：指由近海养殖生态系统产生并维持的遗传多样性、物种多样性与系统多样性，可通过不同养殖模式下海域浮游生物的物种数来衡量。

生物控制：海洋生态系统生物控制功能相当复杂，主要考虑养殖贝类等对赤潮生物的控制作用。对于控制赤潮生物的价值，包括3部分：减少赤潮面积，根据国内外杀灭赤潮单位费用计算；赤潮减少而降低了经济生物死亡，根据水产品市场价格计算；减少了赤潮毒素对人体造成的健康损失。

干扰调节：养殖筏架减轻风暴、海浪对海岸、堤坝、池塘、养殖设施的破坏。干扰调节的价值体现在减少风暴灾害导致的经济损失和修复堤坝的费用等方面。

休闲娱乐：主要指养殖系统提供给人们垂钓、游玩、观光等功能，包括旅游功能和为当地居民提供的休闲功能。其中，旅游价值部分采用旅游费用法进行评价，其价值包括旅游费用、旅游时间价值和其他花费；其他休闲娱乐价值采用支付意愿法估算。

科研价值：指养殖海域提供科研场所和材料的功能。某一养殖海域的科研价值体现在该海域实施的科研课题数量和在该海域取得的科研成果数量。科研价值主要考虑以下两方面：在该区域开展调查研究的科研课题经费和已发表的科研成果；在该区域取得的科研成果推广应用后产生的经济效益。

刘红梅

第二节 不同养殖模式的生态系统服务计量与评估

海水养殖生态系统的服务可以通过一些具体指标来进行计量。价值评估作为一种计量方法，可以较好地反映出其对人们的重要程度，也能准确反映出生态系统服务在数量上的变化。不同养殖模式的海水养殖生态系统服务评估包括物质量和价值量评估。

一、海水养殖生态系统服务评估指标

海水养殖生态系统服务的评估指标主要考虑那些可计量、可货币化的服务要素。供给服务评估指标考虑物质生产；调节服务评估指标考虑气候调节和净化水质；支持服务评估指标考虑物种多样性维持；文化服务评估指标考虑科研服务。

二、数据来源

（一）物质生产数据

养殖产量宜根据评估海域毗邻行政区《渔业统计年鉴（报表）》确定，也可通过现场调访获得。养殖水产品平均市场价格应采用评估海域临近的海产批发市场的同类海产品批发价格进行计算获得，同时扣除生产物质的物资成本、养殖设备折旧费用、动力费用、人工费用等。

（二）气候调节数据

养殖藻类吸收二氧化碳的量应根据大型藻类干重实测值，基于光合作用方程计算获得。浮游植物的初级生产力应采用实测数据或推算数据，可取自相关海洋调查报告。

气候调节服务主要来自对温室气体二氧化碳的固定。不同养殖模式下养殖生态系统养殖生物固定二氧化碳气体主要有3种方式。一是养殖藻类通过光合作用将溶解的无机碳转化为有机碳，从而固定二氧化碳；可以根据养殖藻类干重实测值和养殖海域初级生产力，基于光合作用方程计算获得。二是养殖贝类等通过摄食浮游藻类和颗粒有机碳，从而转化并固定碳，同时通过直接吸收海水中碳酸氢根（HCO_3^-）形成碳酸钙贝壳（$CaCO_3$），其反应方程为，$Ca^{2+}+2HCO_3^-=CaCO_3+CO_2+H_2O$。每形成1 mol的碳酸钙，会释放1 mol二氧化碳，同时可以吸收2 mol的碳酸氢根，固定的这部分碳将会随着养殖贝类等的收获而从系统中移出。三是在IMTA模式中，摄食沉积性食物的动物（如海参等）通过摄食沉积物将沉积物中的碳同化进组织，碳随着收获被移出海洋；固碳量根据软体组织中碳含量来估算。养殖贝、藻等生物的质量应采用其资源量调查数据，可取自相关资源调查报告及统计数据；养殖贝类等软组织和贝壳中碳的含量应采用实测数据或参考数据；二氧化碳的单位价格应采用环境交易所或类似机构二氧化碳排放权的平均交易价格。

（三）氧气生产数据

氧气量相关数据主要是养殖生物通过光合作用释放或通过呼吸作用消耗的氧气的量。其正效应主要来源于对氧气的释放。大型藻类释放氧气的量应根据大型藻类干重实测值，基于光合作用方程计算获得。浮游植物的初级生产力应采用实测数据或推算数据，可取自相关海洋调查报告。氧气价格宜采用工业制氧的价格。

（四）水质净化数据

海水养殖生态系统水质净化量主要估算养殖生物在整个养殖周期对水体中废弃物的处理能力以及其对水体的污染，主要考虑对氮的处理能力和调节能力。通过对各种养殖生物的收获，可以达到对氮的移除效果。大型藻类对氮的移除效应，主要依据氮在藻类组织内的比例来计算；养殖贝类或其他生物对氮的移除效应，主要通过其体内的蛋白质含量或不同组织中氮含量来计算。水质处理费用根据污水处理厂合流污水的处理成本计算。

（五）科研服务评估数据

科研论文数量通过科技文献检索引擎获得。科技论文的单位成本可根据海洋科技经费与海洋类科技论文总数计算获得。

三、不同养殖模式的生态系统服务评估

（一）供给服务

（1）物质量评估

物质生产的物质量应采用评估海域不同养殖模式下主要养殖生物的年产量进行评估。

（2）价值量评估

物质生产的价值量计算公式见式（4-1）：

$$V_M = \sum \left(Q_{Mi} \times P_{Mi} - Q_{Mi} \right) \tag{4-1}$$

式中：V_M 为物质生产价值，单位为元/（公顷·年）；Q_{Mi} 为第 i 类养殖生物的产量，单位为千克/（公顷·年），$i=1$，2，3……，分别代表不同养殖模式下主要养殖生物种类；P_{Mi} 为第 i 类养殖生物的平均市场价格；Q_{Mi} 为第 i 类养殖生物投入的成本（包括养殖苗成本、养殖设施成本、管理成本等）。

养殖生物平均市场价格应采用评估海域临近的海产品批发市场的同类海产品批发价格进行计算。

（二）调节服务

1. 氧气生产

（1）物质量评估

氧气生产的物质量主要由养殖藻类来提供，采用养殖藻类通过光合作用释放氧气的数量进行评估。

氧气生产的物质量计算公式见式（4-2）：

$$Q_{O_2} = 1.2 \times Q_{Ma} \tag{4-2}$$

式中：Q_{O_2} 为氧气生产的物质量，单位为千克/（公顷·年）；Q_{Ma} 为养殖藻

类干物质量，单位为千克/（公顷·年）。

（2）价值量评估

氧气生产的价值量应采用替代成本法进行评估。计算公式见式（4-3）：

$$V_{O_2} = Q_{O_2} \times P_{O_2} \qquad (4-3)$$

V_{O_2} 为氧气生产价值，单位为元/（公顷·年）；Q_{O_2} 为氧气生产的物质量，单位为千克/（公顷·年）；P_{O_2} 为人工生产氧气的单位成本，单位为元/千克。

人工生产氧气的单位成本宜采用评估年份工业制氧的平均生产成本。

2. 气候调节

（1）物质量评估

气候调节的物质量等于不同养殖模式下养殖生物固定或移除的二氧化碳的量。

气候调节的物质量计算公式见式（4-4）：

$$Q_{CO_2} = Q'_{CO_2} + Q''_{CO_2} + Q'''_{CO_2} \qquad (4-4)$$

式中：Q_{CO_2} 为气候调节的物质量，单位为千克/（公顷·年）；Q'_{CO_2} 为养殖藻类固定的二氧化碳量，单位为千克/（公顷·年）；Q''_{CO_2} 为养殖贝类固定的二氧化碳量，单位为千克/（公顷·年）；Q'''_{CO_2} 为养殖海参等沉积性动物固定的二氧化碳量，单位为千克/（公顷·年）。

养殖藻类固定二氧化碳量的计算公式见式（4-5）：

$$Q'_{CO_2} = Q_A \times R_A \qquad (4-5)$$

式中：Q'_{CO_2} 为养殖藻类固定的二氧化碳量，单位为千克/（公顷·年）；Q_A 为养殖藻类的干重，单位为千克/（公顷·年）；R_A 为养殖藻类藻体组织含碳量。

养殖贝类固定的二氧化碳量的计算公式见式（4-6）：

$$Q''_{CO_2} = Q_T \times R'_{TC} + Q_S \times R_{SC} \qquad (4-6)$$

式中：Q''_{CO_2} 为养殖贝类固定的二氧化碳量，单位为千克/（公顷·年）；Q_T 为养殖贝类软体组织产量，单位为千克/（公顷·年）；Q_S 为养殖贝类贝壳产量，单位为千克/（公顷·年）；R'_{TC} 为养殖贝类软体组织含碳量；R_{SC}

为养殖贝类贝壳含碳量。

养殖海参等沉积性动物固定的二氧化碳量计算公式见式（4-7）：

$$Q'''_{CO_2}=Q_{SC} \times R''_{TC} \qquad (4-7)$$

式中：Q'''_{CO_2}为养殖海参等沉积性动物固定的二氧化碳量，单位为千克/（公顷·年）；Q_{SC}为养殖海参等沉积性动物产量，单位为千克/（公顷·年）；R''_{TC}为养殖海参等沉积性动物软体组织含碳量。

（2）价值量评估

气候调节的价值量应采用替代市场价格法进行评估。计算公式见式（4-8）：

$$V_{CO_2}=Q_{CO_2} \times P_{CO_2} \qquad (4-8)$$

式中：V_{CO_2}为气候调节价值，单位为元/（公顷·年）；Q_{CO_2}为气候调节的物质量，单位为千克/（公顷·年）；P_{CO_2}为二氧化碳排放权的市场交易价格。

二氧化碳排放权的市场交易价格宜采用评估年份中国环境交易所或类似机构二氧化碳排放权的平均交易价格。

3. 水质净化

（1）物质量评估

水质净化的物质量等于不同养殖模式下评价海域的养殖生物产量乘以其体内氮含量。水质净化的物质量计算公式见式（4-9）：

$$Q_{WT}= Q_{Mi} \times R_N \qquad (4-9)$$

式中：Q_{WT}为水质净化的物质量，单位为千克/（公顷·年）；Q_{Mi}为第i类养殖生物的产量，单位为千克/（公顷·年）；$i=1$，2，3……，分别代表不同养殖模式下主要养殖生物种类；R_N为养殖生物体内含氮量。

（2）价值量评估

水质净化的价值量应采用替代成本法进行评估。计算公式见式（4-10）：

$$V_{WT}= Q_{WT} \times P_j \qquad (4-10)$$

式中：V_{WT}为水质净化的价值量，单位为元/（公顷·年）；Q_{WT}为水质净化的物质量，单位为千克/（公顷·年）；P_j为人工处理废水（氮）的单位价格。

（三）支持服务

（1）物质量评估

支持服务可通过计算研究海域浮游生物的物种数来衡量。

（2）价值量评估

物种多样性维持的价值量可采用支付意愿法进行评估，即人们对保护第i种物种的支付意愿，或人们对失去第i种物种的接受补偿意愿。计算公式见式（4-11）。也可采用条件价值法进行评估，计算公式见式（4-12）。

$$V_{SSD} = \sum WTP_i（或WTA_i）\times P_j \qquad （4-11）$$

式中：V_{SSD}为物种多样性维持的价值量，单位为元/年；WTP_i为人们对保护第i种物种的支付意愿，单位为元/（人·年）；WTA_i为人们对失去第i种物种的接受补偿意愿，单位为元/（人·年）；P_j为评估养殖海域所在行政区的人口数，单位为人。

$$V_{SSD} = D \times S \qquad （4-12）$$

式中：V_{SSD}为物种多样性维持的价值量，单位为元/年；D为单位面积物种多样性维持功能价值，单位为元/（公顷·年）；S为评估海域养殖面积，单位为hm^2。

（四）科研服务

（1）物质量评估

科研服务的物质量根据公开发表的以评估海域为调查研究区域或实验场所的海洋类科技论文、专利、项目投入进行评估。评估海域科研服务的物质量可通过相关统计资料来计算。

（2）价值量评估

科研服务的价值量可采用直接成本法进行评估，计算公式见式（4-13）。也可采用替代价值法进行评估，计算公式见式（4-14）。

$$V_R = Q_R \times P_R \qquad （4-13）$$

式中：V_R为科研服务的价值量，单位为元/年；Q_R为科研服务的物质量，单位为篇/年；P_R为每篇海洋类科技论文的科研经费投入，单位为元/篇。

科技论文的单位成本可根据海洋科技经费与海洋类科技论文总数计算

获得。

$$V_R = E \times S \qquad\qquad (4-14)$$

式中：V_R为科研服务的价值量，单位为元/年；E为单位面积科研功能价值，单位元/（公顷·年）；S为评估海域养殖面积，单位为hm²。

刘红梅

第三节　案例分析　桑沟湾养殖生态系统服务功能评估

　　桑沟湾是山东省和中国北方最典型的养殖海湾之一，自1960就已经开始养殖活动。目前该湾养殖活动已经延伸至湾口以外，养殖品种达30多种，养殖模式达十几种。近年来发展起来的IMTA模式，利用不同营养级生物的生态学特性，在养殖环节使营养物质循环利用，提高产出的同时减少了对环境的影响，对保障人类食物安全、减轻环境压力具有不可估量的作用。国内外学者纷纷选择该湾开展养殖容量、生态优化养殖模式、养殖水域生态调控与环境修复、健康养殖技术等方面的研究，桑沟湾已经成为国内外知名的集生产和科学研究为一体的特色海湾。

　　桑沟湾现有养殖模式多达十几种，归纳起来，大致分为四大类：一是单养模式，如海带、扇贝、牡蛎、鲍单养等；二是混养模式，如海带与扇贝、牡蛎、鲍网箱混养等；三是筏式+底播模式，以海带养殖、网箱养殖为主，底播高值的刺参和海胆；四是IMTA模式，如海带–鲍–刺参、鲍–海参–菲律宾蛤仔–大叶藻综合养殖。这里选取桑沟湾3种主要养殖模式进行评估，包括海带单养、海带–扇贝混养、海带–鲍–刺参IMTA。

一、供给服务——物质生产

1. 物质量评估

参照荣成市海洋与渔业局渔业生产经营情况表以及荣成市周边养殖公司和养殖户提供的生产经营数据，桑沟湾物质生产量如表4-1所示。

表4-1　桑沟湾不同养殖模式下物质生产量

养殖模式	养殖种类	单位面积产量 /〔千克/（公顷·年）〕
海带单养	海带	14 063
海带–扇贝混养	海带	11 719
	扇贝	5 625
海带–鲍–刺参IMTA	海带	15 625
	鲍	8 654
	刺参	1 875

2. 价值量评估

根据式（4-1），估算出桑沟湾不同养殖模式下单位面积物质生产价值量，估算结果见表4-2。

表4-2　桑沟湾不同养殖模式下物质生产价值量

养殖模式	养殖种类	单位面积产量 /〔千克/（公顷·年）〕	市场价格 /（元/千克）	收入 /〔元/（公顷·年）〕	成本 /〔元/（公顷·年）〕	价值量 /〔元/（公顷·年）〕
海带单养	海带	14 063	6	84 375	35 156	49 219
海带–扇贝混养	海带	11 719	6	70 313	31 641	38 672
	扇贝	5 625	4.6	25 875	5 273	20 602
	小计			96 188	36 914	59 273
海带–鲍–刺参IMTA	海带	15 625	6	0	4	0
	鲍	8 654	200	865 384	482 716	382 668
	刺参	1 875	120	112 500	11 250	106 250
	小计			977 884	493 966	483 918

二、调节服务

（一）氧气生产

1. 物质量评估

根据式（4-2），估算桑沟湾不同养殖模式下氧气生产的物质量。估算参数取值见表4-3。

表4-3　氧气生产估算参数

参数	取值	单位	数据来源
扇贝单位软体干重耗氧率	1.35	mg/[g（DW）·h]	毛玉泽，2006
牡蛎单位软体干重耗氧率	1.07	mg/[g（DW）·h]	毛玉泽，2006
鲍单位湿重耗氧率	0.058 7	mg/[g（DW）·h]	毕远薄等
海参单位湿重耗氧率	0.016 7	mg/[g（DW）·h]	袁秀堂等，2006
人工生产氧气成本	0.4	y/kg	石洪华，2008

2. 价值量评估

据式（4-3），桑沟湾不同养殖模式下氧气生产的价值量估算结果见表4-4。

表4-4　桑沟湾不同养殖模式下氧气生产物质量和价值量

养殖模式	产生的氧气量 /[千克/（公顷·年）]	价值量 /[元/（公顷·年）]
海带单养	16 875	6 750
海带-扇贝混养	14 062	5 624
海带-鲍-刺参IMTA	18 750	7 500

（二）气候调节

1. 物质量评估

根据式（4-4）至式（4-7），估算桑沟湾不同养殖模式下固定的碳物质量。估算参数取值见表4-5。

表4-5　各养殖生物碳含量

养殖生物	藻体或软体组织碳含量/%	贝壳碳含量/%	数据来源
海带	31.2		张继红，2008
扇贝	43.87	11.44	周毅等，2002
鲍	33		Britz et al，1996
海参	0.3		李丹彤，2005

2. 价值量评估

二氧化碳价格采用国际上通用的瑞典的碳税率——每吨碳150美元，折合人民币1 096元/吨（按2007年12月的中间价，1美元=7.305元来计算）。根据式（4-8），桑沟湾不同养殖模式下固定的碳的价值量估算结果见表4-6。

表4-6　桑沟湾不同养殖模式下固定的碳物质量和价值量

养殖模式	固定和移除的碳量 /［千克/（公顷·年）］	价值量 /［年/（公顷·年）］
海带单养	4 388	4 809
海带–扇贝混养	4 200	4 603
海带–鲍–刺参IMTA	12 529	13 732

（三）水质净化

1. 物质量评估

根据式（4-9），估算桑沟湾不同养殖模式下移除的氮物质量。估算参数取值见表4-7。

表4-7　各养殖生物氮含量

养殖生物	藻体或软体组织氮含量/%	数据来源
海带	1.63	周毅等，2000
扇贝	12.36	张继红等，2005
鲍	31	Britz 等，1996
海参	34	李丹彤等，2006

2. 价值量评估

按生活污水处理成本氮为1.5元/千克进行估算（张朝晖等，2007），根据式（4-10），估算得出桑沟湾不同养殖模式下系统的水质净化价值（表4-8）。

表4-8 桑沟湾不同养殖模式下移除的氮物质量和价值量

养殖模式	移除的氮量 /［千克/（公顷·年）］	价值量 /［元/（公顷·年）］
海带单养	229	344
海带–扇贝混养	886	1 329
海带–鲍–刺参IMTA	3 001	4 502

三、支持服务

1. 物质量评估

根据2006年4月、7月、11月和2007年1月4个航次的调查数据进行评估，调查期间共采集浮游植物28属92种（李超伦等，2010）。

基于2009—2010年度6个双月航次的现场调查资料，桑沟湾2009—2010年度共鉴定浮游动物61个种类（刘萍等，2015）。

2. 价值量评估

基于数据获得性，采用式（4-12）计算桑沟湾养殖海域的支持服务价值量。单位面积物种多样性维持功能价值为2 100元/（公顷·年）（李铁军，2007），桑沟湾面积达13 200 hm^2，桑沟湾养殖海域支持服务价值量可达2.77×10^{6}元/年。

四、科研服务

1. 物质量评估

采用《中国海洋统计年鉴（2010）》和《中国渔业统计年鉴（2010）》数据来估算桑沟湾科研服务的物质量（表4-9）。

表4-9　桑沟湾科研服务物质量估算

地区	水产养殖总面积/hm²	拥有发明专利总数/项	发表科技论文总数/篇	科研机构经费收入/万元
山东	782 935	411	1 619	369 495
桑沟湾	13 200	7	27	6 230

2. 价值量评估

基于数据获得性，采用科研机构经费收入作为价值量估算结果。桑沟湾养殖海域科研服务价值量可达6.23×10^7元/年（表4-9）。

参考文献

国家海洋局.中国海洋统计年鉴（2010）.北京：海洋出版社，2011.

李超伦，张永山，孙松等.桑沟湾浮游植物种类组成、数量分布及其季节变化［J］.渔业科学进展，2010，31（4）：1-8.

李丹彤，常亚青，陈炜，等.獐子岛野生刺参体壁营养成分的分析［J］.大连水产学院学报，2006，21（3）：278-282.

李铁军.海洋生态系统服务功能价值评估研究［D］.青岛：中国海洋大学，2007.

刘萍，宋洪军，张学雷.桑沟湾浮游动物群落时空分布及养殖活动对其影响［J］.海洋科学进展，2015，33（4）：501-511.

农业部渔业局.中国渔业统计年鉴（2010）［M］.北京：中国农业出版社，2011.

张朝晖，吕吉斌，叶属峰，等.桑沟湾海洋生态系统的服务价值［J］.应用生态学报，2007，18（11）：2 540-2 547.

张继红，方建光，唐启升.中国浅海贝藻养殖对海洋碳循环的贡献［J］.地球科学进展，2005，20（3）：359-365.

张继红. 滤食性贝类养殖活动队海域生态系统的影响及生态容量评估［D］. 北京：中国科学院研究生院，2008.

周毅，杨红生，刘石林，等. 烟台四十里湾浅海养殖生物及附着生物的化学组成、有机净生产量及其生态效应［J］. 水产学报，2002，26（1）：21-27.

Costanza R, d' Arge R, de Groof R, et al. The value of the world's ecosystem services & natural capital［J］. Nature, 1997, 387: 253-260.

TANG Q S, Zhang J H, Fang J G. Shellfish and seaweed maricuhure increase atmospheric CO_2 absorption by coastal ecosystems［J］. Marine Ecology Progress Series, 2011, 424: 97-104.

刘红梅

第五章
养殖海域生态环境质量评价

第一节　MOM-B监测系统

一、海水环境监测的目的和手段

　　环境监测的目的是为了获得一个地区系统性的环境状况信息，借此来保障该区域的开发活动不超过其环境承载能力，实现资源的可持续利用。环境监测的目标是通过对污染物、物种和种群的扩散等因素的观测和计算来评估环境状况，并制定合理的环境保护计划（Anon，2012）。在IMTA系统中，环境监测并不像单品种高密度养殖那样受到重视，原因在于IMTA系统中包含多种生物，某一种生物的代谢废物可能成为另一种生物的食物来源。然而，由于IMTA系统通常覆盖非常大的区域，定期进行相关的监测也非常必要。

　　监测类型主要分为本底监测和养殖环境的运行监测两大类。本底监测主要关注水产养殖活动开始之前的养殖区域的状况，通常包括区域测绘、地形、流场、环境影响因素等。基于本底调查的结果，可以评估开展水产养殖后的环境条件变化情况。养殖环境的运行监测的范围通常覆盖养殖活动周边，监测方法因需求各异，既有相对简单易行的调查方式，也有非常复杂的调查方法。除了对单个采样点进行连续监测外，也可以进行大面调查。通过这些监测方式，我们可以了解环境状况的总体情况。调查结果既可以用于简单、快速的评估，也可以为设计更详细的调查方案提供基础信息。

在欧洲，集约化鱼类养殖网箱周围的环境监测是非常普遍的，这是由于养殖过程中的残饵和粪便易对网箱底部及周围的环境造成影响（Anon，2012）。监测的目的是为了避免养殖废物对底栖生物造成不可逆的影响，这种影响往往需要通过生物或（和）化学方法进行评估。这就要求我们在进行养殖场选择的时候必须综合考量环境特征、养殖规划和养殖管理，而模型是模拟各种不同规划结果的有力工具。环境监测计划和环境质量标准将确保水产养殖带来的环境压力不会超过养殖区域的环境承载能力。

避免养殖海区及邻近海域的过度开发、保证养殖生物良好的养殖环境是产出高品质海产品的必要条件。未来，消费者可能会要求养殖业主出具养殖环境及水产品质量的溯源性证明材料。

二、MOM系统介绍

MOM系统是针对集约化鱼类养殖研发的、主要用于预测和控制环境影响的一种环境监测及评价方法（Ervik等，1997）。它包括环境影响评估，环境监测和基于环境质量标准的阈值评估3个部分。环境影响可以利用模型进行模拟，模拟结果需要利用观测数据进行检验。环境质量标准规定了养殖对环境影响的上限，并且这一影响可以根据程度划分等级。为了将模型、环境监测和环境质量标准联系在一起，我们定义了两个术语：养殖海域的开发程度和监测等级。开发程度表示当前养殖活动对环境造成的影响与容纳量的差异。如果养殖的环境影响接近容纳量，则为高强度开发；如果相对于容纳量影响较小，则为低强度开发。开发程度可以分为两级或多级。对于每一级，都需要设立相应的环境监测要求，从而确保环境监测的数据量可以用于判断环境影响是否超出了容纳量。开发程度越高，我们越需要更加详尽以及频繁的环境监测以评估环境状况。

这套环境监测系统包括A、B、C 3个子系统，监测手段由简单到复杂。根据养殖水域的情况和调查目标，可以选用一个或多个子系统。MOM-C子系统侧重于捕捉环境状况的轻微变化。MOM-B子系统侧重于监测环境影响较大的情况，优点在于所需费用低廉，并易于操作。

MOM系统的研发主要基于4个子模型，分别模拟鱼类的新陈代谢、养殖区水质情况、有机颗粒物的扩散以及养殖区底部沉积物有机负荷表征指标（Stigebrandt等，2004）。MOM系统主要有两方面的应用：评估鱼类养殖场的环境影响、规划养鱼场的可持续发展策略。

MOM系统的应用条件具备普适性，可以应用于集约化和规模化的水产养殖领域。MOM可以探索环境影响源头和影响程度之间的相关性，并且可以根据不同环境影响的上限来划分环境影响的等级。MOM系统比较灵活。通过替换模型和包括环境质量标准在内的监测方法，其可以用来分析不同地区或国家的具体环境问题。MOM系统中包含一个生态模型，但是其环境监测以及环境等级评价部分可以脱离模型使用。

三、MOM系统中的环境监测

MOM和其他类似的监测系统中几个普适性的一般原则（Anon，2012）列举如下。环境监测频度与其环境影响程度成正比，并应当重点关注长期变化；在某一区域开展水产养殖生产之前，应进行本底调查。环境监测应该是经常性的，养殖活动的环境影响越大，监测频率也需要越频繁。不同的监测调查手段可以用于不同的领域：如果水域环境敏感度较高，则监测过程中所实施的调查必须能够捕捉到这种变化；如果水域环境可以承受较大的影响，则可以采用相对简单的调查方案。确定环境影响评估的上限，在确保水产养殖可持续进行的同时保障高品质产品的生产。在制定官方评估上、下限时应与相关部门进行沟通。对于不同的养殖区应选择合适的调查方式，重点考虑以下内容：监测的目的、调查的细致程度、调查结果的精确性、调查实用性、效率、时间、调查成本、调查的透明程度等。采用多参数、多层次的监测调查可以尽可能地排除随机误差对结果的影响。监测的主要参数应根据相应的知识、技术或法规的发展和改变进行及时替换或修改。监测结果应该形成条理清晰的报告，并附上调查结论和原始数据。如果水产养殖区的环境条件存在差异，应当加以注明。报告应将目前的结果与以前的调查进行比较，并分析随着时间的推移所发生的变化。

MOM监测系统中包括3个子系统（A、B和C），代号越靠后则表示调查方案越复杂、准确性也越高（Hansen等，2001）。这些调查是针对底质作为最重要的环境影响因素设计的，但如果存在其他或更好的评估方法，我们也可以对调查方法进行修改和优化。

MOM-A是一种简单的底质沉积物监测系统，主要关注高密度鱼类养殖对底质环境的影响。MOM-B是一项基于环境理化指标的调查系统，提供沉积物化学成分和组成的信息。与MOM-A相比，MOM-B引入了更多的参数，以确保调查结论的可靠性；这一点将在下一章详细介绍。MOM-C是对底栖生物群落结构的综合调查系统。在许多国家，相关环保部门已经明确了适用于MOM-C调查的沿海水域环境质量标准。

MOM-C应用了更多的科学实验方法，但是其过程较为烦琐，采样要求较高。MOM-B流程虽然相对简单，但是其采样频率相比MOM-C更高，可以获得更多的数据，且MOM-B中使用的沉积物采样装置对船只等的需求较低。环境质量标准的严格实施可以确保养殖区的可持续发展，同时确保养殖生物有合适的生存环境，并避免对周边区域造成不可逆的破坏。

MOM-B调查的目的是对底质沉积物进行简单且经济有效的监测。由于调查成本较低，而且其频率取决于环境影响程度，因此可经常进行MOM-B调查以提供对沉积物的连续监测。MOM-B的实施可以有效避免环境的持续恶化。

在挪威开展MOM-B调查的目的是监测大西洋鲑养殖场废物（粪便和残饵）对养殖网箱底部及周围底质的影响。但是底质状况的变化因素并不仅限于这些鱼类养殖废弃物，也有可能包括如贻贝和其他贝类的粪便和假粪、大型藻类碎屑以及陆源污染等。沉积在海底的有机物或者被底栖生物利用，或者被细菌矿化分解。如果有机物的沉降增加，会导致底栖生物和细菌活性的增加，沉积物耗氧量增加，最终可能导致底质的缺氧及厌氧细菌生物量增加。其中一些硫酸盐还原菌会产生有毒的硫化氢，而硫化氢会再利用氧气产生硫酸盐。底栖生物种群会转向可以耐受恶化的沉积物条件的机会性物种。如果有机物持续积累，沉积物将转变为氮氧化物，且变为缺氧状态，从而降低氧化还原电位，最终降低pH。我们可以通过跟踪底栖生物群落的变化或测定沉积物的化学状况来追踪沉积物中发生的变化。生物群落研究将提供这一过程的变化趋势，并可以捕捉到其中的一些细微的变化。但是，这种监测需要大型采样设备，底栖生物的分类鉴定价格昂贵且费时费力。如果水域生态对这种环境变化非常敏感，这类精细调查通常是首选的，这些都是MOM-C调查程序的一部分。一种更方便并且成本更低的方法是测定沉积物的状况，如测量氧化还原电位，硫化物浓度或pH（Schaanning和Hansen，2005）。在MOM-B调查中，测量沉积物的氧化还原电位和pH，并与其他感官指标相结合，以确定沉积物状况。底质参数分为3类：生物参数（底质中是否存在大于1 mm的动物）；化学参数（pH和氧化还原电位）；感官参数（气泡、气味、黏稠度、颜色、占采样器的体积、沉积物厚度）。三组中的所有参数会随沉积物的有机负荷强度而产生变化。基于评分系统得到的调查结果得分越高，底质受有机物的影响越大。多个参数的使用使得评估更加可靠，并且结果对单一参数的变化都不太敏感。环境质量标准中的参考值是依照各组参数建立的，而不针对单独的参数。

沉积物影响评估的上限阈值是不会导致底栖生物死亡的有机物积累的最高水平。鱼类的养殖容量定义为保证沉积物中底栖生物存活的最大产量。当沉积物条件变差，则可以判定养殖数量已经超过了养殖容量。这种环境影响越大，表明养殖场的开发程度越高，我们则需要更多更频繁的环境监测。因为这个调查是定期重复进行的，实施调查的时间间隔由环境影响程度决定，所以可以通过调查结果密切关注环境变化的趋势。

在挪威开展MOM-B调查主要是为了监测养鱼场废物的影响，但调查的方法可用于易于分解的所有类型的有机物。在非高密度化养鱼场使用MOM-B调查时，我们需要考虑MOM-B调查中的参数是否足够敏感，否则需要纳入更敏感的监测参数，如生物种群结构分析。Zhang等（2009）基于MOM-B探讨了大型藻类和贝类养殖区产量与底栖生物承载力的关系。

四、样品采集

对于监测调查来说，调查站位的选择是非常关键的。必须根据当地的地形和水动力条件进行设计，并考虑开展的是何种类型的水产养殖。Anon等描述了在养鱼场进行MOM-B调查的采样站位计划（Anon，2007）。当在养鱼场进行采样时，养殖区会被划分为2个影响区域：可以接受一定程度环境变化的局部区域和只能接受轻微环境变化的过渡区域。MOM-B调查主要在局部区域使用，采样站在区域内均匀分布以覆盖各种沉积物条件。如果调查结果显示环境变化存在超出标准的情况，则可以增加样本数量来验证结果。在其他特定地区抽样时，必须制定具体的抽样方案。Zhang等（2009）提出了一个大型藻类和贝类生产区采样计划的案例。

MOM-B中的采样可以用一个小型的、可手工操作的轻便采泥器进行。样品由具有透明芯的柱状采泥器或改良的抓斗采泥器（>200 cm²）抓取。测量取得的沉积物的基础参数后，将收集样品立即为3组进行分数的评估。

五、样品处理

沉积物样品采集后，其处理方法描述如下。

1. 参数子集1

这组参数与环境质量目标相关，即沉积物中必须存在活的大型底栖动物。

沉积物会通过一个孔径1 mm的筛网进行筛分，有动物存在得分为0，不存在得分为1。如果样品中沉积物含量较少，即使底部条件良好，也可能收集不到动物。通常情况下，较硬的底质中有机物积累较少。如果根据其他两个参数子集进行评价的结果是可以接受的，那么该样本仍然可以被认定是可以接受的。如果一个完整的样本未发现动物，则沉积物条件是不可接受的，另外两个子集也将得到类似的结论。

2. 参数子集2

这组参数是直接测量柱状采泥器中样品pH和氧化还原电位而获得的（Schaanning和Hansen，2005）。这些参数的变化在很大限度上决定于海洋沉积物中的3个主要分解过程（有氧呼吸、硫酸盐还原和甲烷生成）。氧化还原电位是描述有机物富集、沉积物中缺氧状况的常用参数。它也被用来评估养鱼场的环境影响和底栖环境富营养化指数。需要注意的是，某些沉积物可能难以从电极获得稳定的读数，尤其是环境变化比较小的时候。当沉积物中有机物沉降影响更大、判断沉积物状态变得更加重要时，氧化还原电位通常变得更加稳定。pH监测在沉积物调查中使用较少，但在大量有机物沉降区域调查中是非常有效的。在甲烷产生的缺氧沉积物中，pH可能会降到7.0以下（Schaanning和Hansen，2005）。

通常以2 cm深度为间隔测量柱状采泥器中样品的pH和氧化还原电位。如果无法获得柱状样品，可以将电极直接插入抓斗采泥器取得的样品中，并以1 cm深度为间隔进行测量。挪威鱼类养殖场沉积物的pH和氧化还原电位的测量结果显示，这两个参数是5个不同影响等级的基础判断因素（Schaanning和Hansen，2005）。将测量得到pH和氧化还原电位与已经确认的分值表进行比较并分配一个分数。在大型底栖动物群落不存在或严重受损的富营养化的沉积物监测中，该方法具有较高的分辨率。0分表示沉积环境较好：氧含量丰富、有机负荷较低、底栖生物群落丰富。越来越多的有机输入将导致沉积环境逐步缺氧并使相应的微生物群落发生变化。2分常常代表硫化氢环境，孔隙水中氧化还原电位低。5分代表沉积物中存在甲烷和低pH的环境。1分或3分表示过渡状况。

如果柱状沉积物样品中进行了多次测量，则取最低pH和相应的氧化还原电位来分配分数。这意味着沉积物中的氧化还原电位不连续，而现场评估通常基于该层以下的电位值。这可能会导致得分低于从沉积物-水界面测得的数据。另外，在粒径较大的沉积物类型中，较高的氧化还原电位可能不存在或仅存在于柱状样或抓斗采泥器采样深度以下的位置。而且，在富含有机物质的沉积物中，氧化还原电位梯度可能是倒置的，因此电位随深度增加而增加。

使用测量参数的最小值主要基于以下考虑：简化操作规则；根据样品质量和电极设计进行操作的自由度；测量结果变化最大的区域经常出现在沉积物的顶部几毫米内。

3. 参数子集3

第3组参数是一组随着沉积物有机物浓度变化而变化的感官变量：沉积物的颜色、气味、黏稠度、气泡以及沉积物厚度。这些参数提供了有关沉积物状况的有用信息，并且长期以来一直作为沉积物研究中的感官观测结果。由这些参数提供的信息已经被标准化且用于MOM-B调查中给感观变量分配分数。沉积物受到有机富集的影响越大，得分越高。沉积物可能具有不同的颜色，如灰色、棕色或较浅的色，这些颜色的分数都为0分；但如果沉积物中存在硫化氢，通常颜色会变为黑色（硫化铁），在这种情况下分数为2分。硫化氢也会引起沉积物发臭，根据气味强度分配0分、2分或4分。高度缺氧的沉积物可能产生甲烷，在沉积物中往往产生小气泡，这是沉积物受到较大影响的标志。如果不存在气泡，则分配0分；但是如果存在气泡，则是沉积物质量较差的重要信号，分配4分。如果气泡太小不能被看到，则pH通常可以揭示甲烷是否正在形成。在沉积物中有机物含量较多的地区，沉积物黏性会增加，会变软。较硬沉积物的分数为0分，软沉积物的分数为2分，极软的沉积物为4分。如果有机物积累在沉积物顶部，则测量有机物厚度并据此分配0分、1分或2分。

对单个监测参数分数的分配带有一定程度的主观性。因此，不能单独考虑某一个变量，而是根据所有3组参数进行综合评分，以避免过分强调单一参数。平均得分为0，相当于未受影响的条件；而平均得分高于14，则定义为不可接受的沉积物条件。

4. 确定养殖场或养殖区的状况

结合三组参数确定的情况可以评估采样点的环境条件。子集1仅区分可接受和不可接受的条件，而子集2和子集3确定沉积物状态。如果子集2和子集3显示不同的环境状态，优先考虑子集2的结果，因为氧化还原电位和pH是通过测量获取的信息。

如果样本是在养鱼场内获得的，则可以利用计算的平均值表示该养殖场的沉积物情况。 如果是在某个其他区域进行调查，最终结果的处理将取决于采样站位的设置和采样过程。

参考文献

Anon（2007）. Environmental monitoring of marine fish farms NS-9410: 2007［S/OL］. Norwegian Standard Association. http://www.standard.no.

Anon（2012）. Environmental monitoring of the impacts from marine finfish farms on soft bottom: ISO 12878: 2012［S/OL］. http://www.iso.org/standart 52086. htm?brovose:tc.

Ervik A, Hansen P K, Aure J, et al. Regulating the local environmental impact of intensive marine fish farming. I. The concept of the MOM system（Modelling-Ongrowing fish farms-Monitoring）［J］. Aquaculture, 1997, 158: 85-94.

Hansen P K, Ervik A, Schaanning MT, et al. Regulating the local environmental impact of intensive marine fish farming. II. The monitoring programme of the MOM system（Modelling-Ongrowing fish farms-Monitoring）［J］. Aquaculture, 2001, 194: 75-92.

Schaanning MT, Hansen PK. The suitability of electrode measurements for assessment of benthic organic impact and their use in a management system for marine fish farms［M］//Hargrave B. Environmental Effects of Marine Finfish Aquaculture. The Handbook of Environmental Chemistry. Berlin: Springer-Verlag, 2005: 381–408.

Stigebrandt A, Aure J, Ervik A, et al. Regulating the local environmental impact of intensive marine fish farming. III: A model for estimation of the holding capacity in the MOM system（Modelling–Ongrowing fish farm–Monitoring）［J］. Aquaculture, 2004, 234: 239–261.

Zhang J, Hansen PK, Fang J, et al. Assessment of the local environmental impact of intensive marine shellfish and seaweed farming–Application of the MOM system in the Sungo Bay, China［J］. Aquaculture, 2009, 287: 304–310.

作者：Pia Marianne Kupka Hansen

译者：蔺　凡

第二节　AMBI指数评价

一、AMBI简介

大型底栖动物群落对栖息环境的长期变化较为敏感，能对自然和人为活动导致的水和沉积环境质量的变化做出可预测的响应，是环境质量优劣的重要表征，因此常被用来指示其生态质量状况。利用底栖生物作为海洋生态环境监测的生物指标和进行生态系统健康评价的生物指数已得到国内外学者们的广泛认可。

海洋生物指数（A Marine Biotic Index，简称AMBI），由西班牙渔业与食品技术研究所（AZTI-TECNALIA）的Borja等学者基于Glémarec、

Hily、Grally等学者的理论框架模型提出的。AMBI法根据各种底栖动物环境敏感度的不同分为5个不同的生态组（Ecological Group，EG），AMBI指数根据下面的公式计算：

$$AMBI=[（0×\% EG\ I）+（1.5×\% EG\ II）+（3×\% EG\ III）+（4.5×\% EG\ IV）+（6×\% EG\ V）]/100$$

式中：EG I为干扰敏感种，对富营养化非常敏感，生存在未受污染的状态下，主要包括食肉动物和一些沉积食性的管栖多毛类；EG II为干扰不敏感种，对有机物过剩不敏感，物种密度低，随时间变化不敏感，主要为滤食性种、极少数选择性肉食种和腐蚀性种；EG III为干扰耐受种，可忍耐过量的有机物，正常状态下也可生存，但种群数目会受到有机物过剩的刺激，主要为沉积物表面食性者；EG IV为二阶机会种，生存在显著失衡的环境状态下，主要为个体多毛类、亚表层沉积食性者；EG V为一阶机会种，生存在显著失衡的环境状态下，主要为沉积食性者，在退化的沉积物中大量繁殖。AMBI指数分级和对应的底栖生物群落健康和生态环境质量状况见表5-1。

表5-1　AMBI指数生态分组及评价标准

生物指数	优势生物群落组	底栖群落健康	站位扰动等级	生态质量状况
0.0＜AMBI≤0.2	I	常态的	无扰动	高等的
0.2＜AMBI≤1.2	II	脆弱的		
1.2＜AMBI≤3.3	III	失衡的	轻度扰动	优良的
3.3＜AMBI≤4.3	IV	向污染过渡的	中度扰动	中等的
4.3＜AMBI≤5.0		被污染的		不健康的
5.0＜AMBI≤5.5	V	向重度污染过渡的	重度扰动	
5.5＜AMBI≤6.0	V	重度污染的		极不健康的
6.0＜AMBI≤7.0	无生命	无生命的	极端扰动	

　　为了符合欧洲水框架指令（the European Water Framework Directive，WFD）关于生态质量状况的规定，Borja和Muxika提出了多变量生物指数

（M–AMBI）的概念，该指数综合考虑了AMBI、物种丰富度（S）以及生物多样性指数（H′），M–AMBI的值介于0到1，数值越接近1表明生态质量状况越好。

AMBI指数最早被用于反映欧洲沿海和河口海域生态系统健康和生态环境质量状况，地中海沿岸使用最多，东北大西洋、美国西海岸、印度洋也有应用。在不同的环境压力下，如水体富营养化、航道清淤、海产品养殖等，该指数评价法均可使用。AMBI和M–AMBI的计算可以通过AMBI应用软件进行，该软件以及相应的物种分类目录可以在AZTI网站（http://ambi.azti.es）免费获得。近年来，该指数也被多次应用于评价中国近岸海域及河口地区的生态环境质量状况，其广泛性和适用性得到了广泛的肯定。

二、典型案例——基于AMBI法的桑沟湾沉积环境质量评价

2017年4月对桑沟湾内海域进行大型底栖生物调查，共设21个调查站（图1–3），每个站位用0.05 m²的表层采泥器重复取样两次（以两次成功采样为准）。用孔径为0.5 mm网筛冲洗去泥，所获生物样品用5%的福尔马林溶液固定，具体操作参照《海洋监测规范》（GB 17378.7—2007）。

结果表明，研究区域内共鉴定有大型底栖动物4门31种，多毛类（23种）是该海域的主要优势类群，另有甲壳类4种、软体动物2种和棘皮动物2种。从空间分布上看，5号和18号站位种数较多。综合出现频率、密度及生物量，多毛类的短叶索沙蚕（*Lumbrinereis latreilli*）为该海域的绝对优势种，其他优势种还有中蚓虫（*Mediomastus* sp.）和多丝独毛虫（*Tharyx multifilis*）。大型底栖动物的平均总密度为108.24 ind/m²，多毛类为主要密度优势类群，其平均密度占平均密度的90.2%（97.65 ind/m²）。平均总生物量为6.35 g/m³，1号和6号站的平均生物量明显高于湾中的其他各站位。

结果表明，4月调查区域内各站位大型底栖生物密度在40～160 ind/m²，总平均密度为114.12 ind/m²。其中多毛类是主要密度优势类群，其平均密度为103.53 ind/m²，占总平均密度的90.72%。密度较高的站位有5号、7号、8号、11号、17号和18号站，密度在140～160 ind/m²。1号站密度最

低，仅为40 ind/m²（图5-1A）。生物量为0.39～33.42 g/m²，总平均生物量为6.35 g/m²。多毛类为主要的生物量贡献者，其平均生物量为4.93 g/m²，占总平均生物量的77%。生物量最高的站位为6号站，其生物量为33.42 g/m²；其次为1号站，生物量为30.61 g/m（图5-1B）。

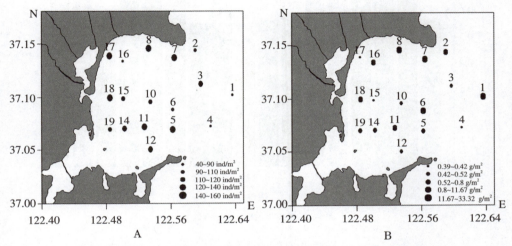

图5-1　桑沟湾4月份大型底栖生物密度（A）及生物量（B：g/m²）的分布

M-AMBI评估结果表明，19个站位中有18个站位，达到良好及以上级别（图5-2和图5-3），优良率达94.7%；只有10号站位处于中等级别，差及以下级别站位数为0。

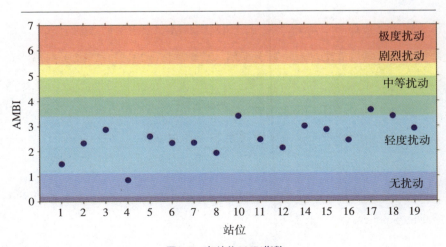

图5-2　各站位AMBI指数

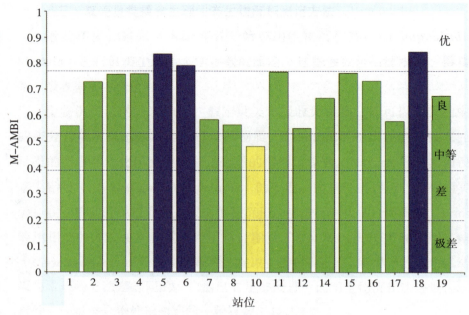

图5-3　各站位的M-AMBI指数

评估结果表明，桑沟湾虽然已经开展了30多年的规模化海水养殖，但沉积环境质量状况仍然处于优良水平。

参考文献

林和山，俞炜炜，刘坤，等.基于AMBI和M-AMBI法的底栖生态环境质量评价——以厦门五缘湾海域为例 ［J］.海洋学报，2015，37（8）：76-87.

沈洪艳，曹志会，刘军伟，等.太子河流域大型底栖动物功能摄食类群与环境要素的关系 ［J］.中国环境科学，2015，35（2）：579-590.

王晓晨.乳山湾及邻近海域大型底栖动物群落的生态学研究 ［D］.青岛：中国海洋大学，2009.

Borja Á. Grand challenges in marine ecosystems ecology ［J］. Frontiers in Marine Science, 2014, 1: 1-6.

Borja A, Franco J, Muxika I. The biotic indices and the Water Framework Directive: the required consensus in the new benthic monitoring tools (correspondence) [J]. Marine Pollution Bulletin, 2004b, 48: 405–408.

Borja A, Franco J, Perez V. A Marine Biotic Index to establish the ecological quality of soft-bottom benthos within european estuarine and coastal environments [J]. Marine Pollution Bulletin, 2000, 40 (12): 1 100–1 114.

Borja A, Franco J, Valencia V, et al. Implementation of the European Water Framework Directive from the Basque country (northern Spain): a methodological approach (viewpoint) [J]. Marine Pollution Bulletin, 2004a, 48: 209–218.

Borja A, Muxika I, Franco J. The application of a Marine Biotic Index to different impact sources affecting soft-bottom benthic communities along European coasts [J]. Marine Pollution Bulletin, 2003, 46 (7): 835–845.

Muxika I, Borja A, Bonne W. The suitability of the Marine Biotic Index (AMBI) to new impact sources along European coasts [J]. EcologicalIndicators, 2005, 5: 19–31.

蒋增杰

第六章
展望与建议

全球气候变化及其影响日益严重，不仅引起了科学界的关注，而且逐渐受到国际社会和各国政府的高度重视。哥本哈根世界气候大会的召开，标志着以"低能耗、低污染、低排放"为特征的低碳时代已经来临。发展低碳经济已成为各国政府应对气候变化的战略选择。然而，全球气候变化与人类活动的双重影响下渔业生态系统碳循环和碳收支响应异常，亟须建立恢复和扩增生物碳汇的科学途径，为积极应对全球气候变化和实施水产可持续发展提供科学支撑。

渔业碳汇是生物碳汇的一种，是指通过渔业生产活动促进水生生物吸收水体中的二氧化碳，并通过收获把这些已经转化为生物产品的碳移出水体的过程和机制。碳汇渔业是以减少大气温室气体含量为目标，以增加碳汇和减少碳排放为主要手段，通过产业结构调整、养殖模式优化、设施装备升级、清洁能源利用，实现低污染、低能耗、低排放和高碳汇、高效率的现代渔业。

渔业碳汇理念的提出与倡导，具有重要的现实意义和深远的历史意义。碳汇渔业不仅能充分利用水生生物吸纳固碳作用，固定并储存大气中的温室气体，提供更多的优质蛋白，保障食物安全，还能节能减排，降低大气中二氧化碳等温室气体的含量，缓解水域富营养化。由此可见，发展碳汇渔业、创新渔业低碳技术，是一项功在当代、利在千秋、一举多赢的事业，将有助于加快中国实现资源节约型、环境友好型渔业现代化进程，也将有力推动节能减排和应对气候变化国家目标的实现。

IMTA是由不同营养级生物组成的综合养殖系统。系统中投饵性养殖单元（如鱼、虾类）产生的残饵、粪便、营养盐等有机或无机物质成为其他类型养殖单元（如滤食性贝类、大型藻类、腐食性生物）的食物或营养物质来源，将系统内多余的物质转化到养殖生物体内，达到系统内物质的有效循环利用，在减轻养殖对环境压力的同时，提高养殖品种的多样性和经济效益，促进养殖产业的可持续发展。IMTA是碳汇渔业的具体体现。

IMTA不仅能够高效提供食物供给功能，还可以提供生态服务功能，所提供的物质生产、水质净化、气候调节、空气质量调节4项核心功能的服务价值远高于单养模式，服务价值比最高可达18∶1。虽然经过了30多年的规模化海水养殖，桑沟湾大部分沉积环境质量仍然属于一级良好状态。

桑沟湾IMTA实践的成功案例为探索、发展"高效、优质、生态、健康、安全"的环境友好型海水养殖业提供了理论依据和绿色发展模式，引领了世界海水养殖业可持续发展的方向。2016年，联合国粮农组织（FAO）和亚太水产养殖中心网络（NACA）将桑沟湾IMTA模式作为亚太地区12个可持续集约化水产养殖的典型成功案例之一向全世界进行了推广。

桑沟湾的生态养殖虽然取得了举世瞩目的进步，但仍面临着养殖空间受挤压、养殖布局不科学、单位面积生产效率较低、劳动力紧缺等诸多挑战，对今后产业发展的几点建议：实施海水养殖空间规划管理；发展基于养殖容量管理的IMTA；加快实施标准化生态养殖，为机械化操作和自动化管理奠定基础。

参考文献

董双林. 中国综合水产养殖的生态学基础［M］. 北京. 科学出版社
2015.

刘红梅，齐占会，张继红，等. 桑沟湾不同养殖模式下生态系统服务
和价值评价［M］. 青岛：中国海洋大学出版社，2014.

唐启升. 环境友好型水产养殖发展战略：新思路、新任务、新途径
［M］. 北京：科学出版社，2017.

张继红，方建光，唐启升. 中国浅海贝藻养殖对海洋碳循环的贡献
［J］. 地球科学进展，2005，20（3）：359-263.

de la Mare W K. Marine ecosystem-based management as a hierarchical
control system［J］. Marine policy, 2005, 29: 57-68.

Troell M, Halling C, Neori A, et al. Integrated mariculture: asking the right
questions［J］. Aquaculture, 2003, 226: 69-90.

方建光　蒋增杰